JN098587

UXリサーチの道具箱 II

ユーザビリティテスト実践ガイドブック

樽本 徹也 著

はしがき

UX リサーチは 2 種類の活動で構成されています。それは「調査」と「評価」です。

- 「調査」とは、デザインで解決すべき課題を発見するための活動です。インタビューや観察を行い、ペルソナやジャーニーマップを作成します。デザインする“前”に行う活動とも言えます。
- 「評価」とは、デザインした解決案が有効かどうかを確認するための活動です。その代表的手法がユーザビリティテストですが、インスペクション法やアンケートなども用います。デザインした“後”に行う活動とも言えます。

「調査」の価値を改めて説明する必要はないでしょう。どんなに上手くデザインしたとしても、それが“的外れ”であれば「誰も欲しがらない製品」が生まれるだけです。

では、「評価」の価値とは？

ダイヤモンドの原石は単なるガラス片のようにしか見えないと言います。研磨して初めて魅惑的な輝きを放つのです。同じように、どんなに革新的なアイデアであっても“研磨”しなければ、その価値をユーザに届けることはできません。ユーザ中心設計（人間中心設計）においてその役割を果たすのは、評価と改善を繰り返す「反復デザイン」です。反復デザイン抜きに優れた UX は決して実現しません。

そのため、評価の方が使用頻度は高くなります。調査はプロジェクトの冒頭で1回行うだけかもしれませんが、評価は最低2回行う（例えば、テスト→改善→再テスト）ことになるからです。最近は、毎週テストするという製品開発チームも少なくありません。

本書は「評価」の書です。その中でも特に「ユーザビリティテスト」に焦点を当て、その実施プロセスを1ステップ1章で順番に解説しています。教科書的な記述ではなく、実務経験に基づく実践的ガイドなので、本書を片手にテストを企画〜分析してみることができるでしょう。

なお、調査活動にも取り組んでみたいという人は、前作である『**UXリサーチの道具箱　−イノベーションのための質的調査・分析−**』をご覧ください。こちらは「調査」の書です。

2021年2月

著者しるす

目次

Contents

Chapter ❹ 実査ガイド

Chapter ❺ 分析ガイド

Chapter 6 UT ちょい足しレシピ集

Appendix　附　録

Column

Chapter 1

ユーザビリティテスト概論

1-1 UCDにおける評価

❶ ユーザ中心設計

優れたUX（ユーザエクスペリエンス）を実現する方法論――それが『**ユーザ中心設計**（UCD：User Centered Design）』です。UCDを用いれば、技術優先の考えや作り手の勝手な思い込みを排除して、常にユーザの視点に立った製品開発が行えます（なお、ユーザ中心設計と『**人間中心設計**（HCD：Human Centered Design）』は同義語です）。

UCDとは設計思想であり個々の手法を指すものではありません。最適な開発プロセスは対象となる製品や、開発を行う組織・環境によっても異なるので、実務者や研究者は独自の工夫を凝らした様々なバリエーションのUCDを開発してきました。しかし、そこには**骨格となるパターン**があります。それは以下のようなものです。

①調査：ユーザの利用状況を把握する。
②分析：利用状況からユーザニーズを探索する。
③設計：ユーザニーズを満たすような解決案を作る。
④評価：解決案を評価する。
⑤改善：評価結果をフィードバックして、解決案を改善する。
⑥反復：評価と改善を繰り返す。

UCDは「①調査」から始まります。UCDとはユーザから出される「こんな機能が欲しい」「この部分を変更して欲しい」といった要求や不満に対応することではありません。設計者自身がユーザを観察したりインタビューしたりして具体的な利用状況を把握したうえで、それらのデータを「②分析」して潜在的なユーザニーズを探索します。

次に、そのユーザニーズを実現するような解決案を「③設計」します。その時に、開発チームのアイデアをいきなり実装するのではなく、まず簡単なプロトタイプを作成します。そして、ユーザにプロトタイプを使ってもらって解決案の有効性を「④評価」します。

評価の結果、ユーザニーズを満たしていない箇所が明らかになればプロトタイプを「⑤改善」します。そして、改めてユーザにプロトタイプを使ってもらって改善案が有効であったかどうか「④評価」します。その後も、評価と改善を「⑥反復」しながら徐々にUXの完成度を上げていきます。UCDのプロセスの中で最も重要なのは、この「**評価と改善を繰り返す**」こと（=『反復デザイン（Iterative Design)』）です。

UCDのプロセス
ユーザ中心設計の最大の特徴は「評価と改善を繰り返す」ことにある。

❷—総括的評価と形成的評価

期末試験、入学試験、就職試験、昇進試験、資格試験……。私たちは様々な場面で様々な「評価」を受けてきました。このような「評価」はその目的によって『総括的評価（Summative Evaluation)』と『形成的評価（Formative Evaluation)』に大別できます。

- **総括的評価**とは、学習成果の総合的な達成度合いを“測定”することを目的とした評価です。学校の期末試験のように一定の学習が終了した後に実施して、通常、得点化を行います。得点化したデータはさらに分析して、得点の分布を調べたり、平均点を算出したりします。
- **形成的評価**とは、小さい学習単位ごとに、どれくらい理解できているか、理解するためには何をしなければならないかをフィードバックするための評価です。形成的評価は得点を付けることが目的ではなく、理解度を“改善”することが目的です。

UCDにおける「評価」も総括的評価と形成的評価に区分できます。

UCDにおける**総括的評価の代表は『パフォーマンス測定』**です。20〜30名のユーザに製品を使ってもらって、タスク達成率やタスク達成時間、主観的満足度を測定します。評価結果は、「タスク達成率：55%」「平均タスク達成時間：5分30秒」「主観的満足度（5段階評価）：2.8」などといった“得点”で表されます。

一方、**形成的評価の代表は『思考発話法』を使ったユーザビリティテスト**です。5〜6名のユーザに考えていることを口に出しながら製品を使ってもらいます。人数が少ないので達成率や満足度の平均値を算出することは無意味です。評価結果は「送信ボタンとクリアボタンが近接して配置されているので、ユーザは間違ってクリアボタンを押してしまう」といった具体的なものになります。

ところで、「評価」には忘れてはいけない重大な原則があります。それは、「**総括的評価しか行わないのならば、それは全く無駄な投資である**」ということです。パフォーマンス測定でタスク達成率が50%だとしても、なぜ半数ものユーザが失敗したのか原因はわかりません。主観的評価が悪くても、ユーザ体験のどの部分に問題があったのか判断できません。

形成的評価を行わずに総括的評価だけを行うのは、「勉強しないで期末試験を受ける」ようなものです。結果は悪くて当たり前ですし、評価結果から具体的な改善策は何も得られません。総括的評価とは、コツコツと努力（形成的評価と改善）を積み重ねた後に、その成果を把握するために実施するものなのです。

総括的評価と形成的評価
［左図］総括的評価は成果を“測定”する。［右図］形成的評価は“改善点”をフィードバックする。

パフォーマンス測定 ...Column

あるビジネス用ソフトウェアの開発会社では、新製品の生産性の高さを実証するためにユーザビリティテスト（パフォーマンス測定）を実施しました。

その内容は、22名のユーザに新・旧2つの製品を使って、それぞれ11種類の作業（タスク）を実行してもらい、その達成時間・達成率・満足度およびSUS（System Usability Scale）スコアを測定するというものでした。その結果、以下のようなアウトプットが得られて、「新製品のほうが優れた生産性を実現することが明らかになった」と結論づけました。

ところで、このテスト結果は何の役に立つのでしょうか――それは「マーケティング」です。「新製品の方が生産性が高いので、旧製品をお使いの皆さんはバージョンアップしてください」というのがこの会社の本音です。彼らは決して製品を“改善”するためにこのテストを実施した訳ではありません。製品を“売る”ためにテストを実施したのです。もちろん、それは何も批判することではありません。総括的評価には“そういう使い方”もあるというだけのことです。

(n = 22)

	新製品	旧製品
タスク達成時間	20 分 06 秒	43 分 42 秒
タスク達成率	90.1%	71.4%
使いやすさに対する満足度*	6.52	4.19
時間に対する満足度*	6.50	3.93
SUS スコア	91.71	51.82

*主観的評価 2 項目はいずれも最小 1～最大 7 の 7 段階評価

(引用元：黒須正明（著）：『人間中心設計における評価』、近代科学社、2019 年)

③ — 実験的手法と分析的手法

「評価」のための手法には様々なものがありますが、アプローチの違いによって『分析的手法 (Analytic Method)』と『実験的手法 (Empirical Method)』に区分されます。

- **分析的手法**とは、UX リサーチャやデザイナなどの“専門家”が自らの知識や経験に基づいて評価する手法です。そのため『専門家評価（Expert Review)』とも呼ばれています。ヒューリスティック評価と認知的ウォークスルーが代表的な手法です。
- **実験的手法**とは、本物のユーザのデータに基づいて評価する手法です。代表的な手法はユーザビリティテスト（パフォーマンス測定、思考発話法）ですが、アンケート調査や A/B テストなども実験的手法に含まれます。

分析的手法と実験的手法の違いとは「ユーザが関与するか否か」であると言っても差し支えありません。ユーザが関与すれば、事実に基づく客観的な評価結果が得られますが、評価活動の負担は大きくなります。逆にユーザが関与しなければ、時間やコストは抑えられますが、評価結果は評価者個人の主観的な仮説に過ぎません。つまり、2 つの手法は“正反対”とも言える特徴を持っているのです。

分析的手法	実験的手法
主観的	客観的
評価結果は仮説	評価結果は事実
時間・コスト小さい	時間・コスト大きい
評価範囲広い	評価範囲狭い
設計の初期段階でも評価可能	評価にはプロトタイプが必要

このように全く異なる特徴を持つ2つの手法は、状況に応じた使い分けが重要になります。原則として、**総括的評価を行う場合は実験的手法**を用いて客観的な評価結果――入学試験や資格試験のように――を出すべきです。その一方、**形成的評価を行う場合は2つの手法を補完的**に用いて効率的に評価活動を行うべきです。例えば、画面遷移図の段階では認知的ウォークスルー（分析的手法）を行い、動的なプロトタイプの段階でユーザビリティテスト（実験的手法）を行うといった使い分けです。形成的評価は様々な制約がある中で行うことが多いので、実験的手法だけに依存するよりも、分析的手法という選択肢を持っている方が有利です。

分析的手法と実験的手法
［左図］分析的手法は"経験"に基づいて評価する。［右図］実験的手法は"データ"に基づいて評価する。

ユーザビリティ・インスペクション ...Column

UCD における分析的手法の総称を『ユーザビリティ・インスペクション（Usability Inspection)』（名付け親はヤコブ・ニールセン！）といいます。代表的な手法としては『ヒューリスティック評価（Heuristic Evaluation)』と『認知的ウォークスルー（Cognitive Walkthrough)』があります。

- **ヒューリスティック評価**：UI 設計の原理原則（これを「ヒューリスティックス」と呼ぶ）に基づき、評価対象の製品が犯している“ルール違反”を探索するという手法。ヤコブ・ニールセンによって開発された。
- **認知的ウォークスルー**：人間がコンピュータを操作する際の「認知モデル」に基づき、ユーザの認知プロセスを操作ステップ単位で詳しくシミュレートして、ユーザが目標を達成できるかどうかを調べる手法。キャスリーン・ワートンとクレイトン・ルイスによって開発された。

この他にも『多元的ウォークスルー』『機能インスペクション』『一貫性インスペクション』……と多くの手法が開発されましたが、その時期は 1990 年代前半に集中しています。2000 年以降に開発された手法は『ペルソナ・インスペクション（Persona-based Inspection)』くらいのものです。つまり、**現在ではインスペクション法はあまり重要視されていません。**

その理由はいくつか挙げられますが、最大の理由は「評価結果への疑念」だろうと思います。UI 設計の原理原則、人間の認知モデル、厳密な評価手順——各手法は評価結果の妥当性を担保するために様々な工夫を凝らしていますが、本質的には評価者個人の主観的な仮説に過ぎません。そのため、評価された側（デザイナ）が評価結果を受け入れない（納得しない）という事態が発生しま

ユーザビリティ・インスペクション
専門家がユーザインタフェースを“検査”する。

す。しかし、そんな無駄な論争に時間を費やすくらいならば、最初からユーザビリティテストをした方が話は早いということになります。

とは言え、やはりユーザビリティテストと比較すると「早く」「安く」「広く」評価できるという利点があるので、「いざという時」のために、今でも多くのUX リサーチャがインスペクション手法を“道具箱”に入れています。

なお、ヒューリスティック評価と認知的ウォークスルーについては、拙著『ユーザビリティエンジニアリング（第 2 版）』の Chapter 7 で詳しく解説しています。興味のある人はぜひご覧ください。

1-2 ユーザビリティテストの基礎

❶ — ユーザビリティテストとは

ユーザがパソコンと“格闘”する様子を、開発者やデザイナがマジックミラーで仕切られた“隠し部屋”から真剣なまなざしで観察している——『**ユーザビリティテスト**（Usability Test）』の事例としてよく紹介される光景です。（なお、ユーザビリティテストは『**ユーザテスト**（User Testing/User-based Testing）』と同義語です。）

日本でもこのようなテストが頻繁に実施されるようになりました。テストの対象はウェブサイトやスマホアプリのほか、PC アプリ、OA 機器、IoT 家電など多岐にわたり、テスト手法も様々なものがありますが、その基本はとても単純なものです。

ユーザビリティテスト
ユーザにタスク（作業課題）を提示して、その実行過程を観察する。

1. ユーザにタスク（作業課題）を実行するように依頼する。
2. ユーザがタスクを実行する過程を観察する。

たったこれだけのことなのですが、ユーザビリティテストはまさしく「百聞は一見にしかず」という体験を開発チームに与えてくれます。ただ、シンプルな中にも1つだけ“秘訣”があります。それはユーザに**思ったことを口に出しながらタスクを実行してもらう**ことです。こうすることでユーザの認知プロセスが明らかになり、操作の失敗や不満の原因を論理的に分析できるようになります。これを『**思考発話法**（Think-aloud Method)』といいます。

❷―観察のポイント

ユーザビリティテストではユーザの“生”の言動を目の当たりにするので、開発者やデザイナは、その情報量の多さに圧倒されてしまうかもしれません。ユーザの行動を漫然と観察するよりも、ポイントを絞って観察した方が効果的です。ユーザビリティテストの観察ポイントは3つあります。

1. まず、**ユーザは独力でタスクを完了できる**だろうか。もし完了できなかったとすれば、その製品は『効果（Effectiveness)』に問題があるといえます。これは端的に言えば、その製品は「使いモノにならない」ということであり、もっとも深刻な問題です。
2. 次に、**ユーザは無駄な操作を行ったり、戸惑ったりしない**だろうか。独力でタスクを完了できたとしても、その間に、ユーザを考え込ませたり、遠回りさせたりするような製品は『効率（Efficiency)』に問題があるといえます。
3. さらに、**ユーザは不安や不満を感じていない**だろうか。たとえ、ユーザがほぼ想定ルートを通って独力でタスクを完了できたとしても、途中で不愉快な思いをさせるような製品は『満足度（Satisfaction)』に問題があるといえます。ユーザは明示的に不満を表明する場合もありますが、表情や態度で暗示的に不満を表明している場合もあります。

一般に、ユーザビリティテストとは「効率問題（＝ユーザの無駄な操作や戸惑い）」を発見することが目的だと考えている人が多いと思います。確かに、テストで発見される問題点の多くは効率問題です。

しかし、より深刻な「効果問題（＝ユーザがタスクを完了できない）」が潜んでいる可能性を意識してテストを実施しないと、せっかく開発の初期段階からテストを行ったのに、結局は使いモノにならない製品をリリースしてしまうという結果になりかねません。

さらに「満足度問題（＝ユーザの不安や不満）」を軽視してはいけません。不満も程度によっては、ユーザがその製品を二度と使ってくれなくなるからです。

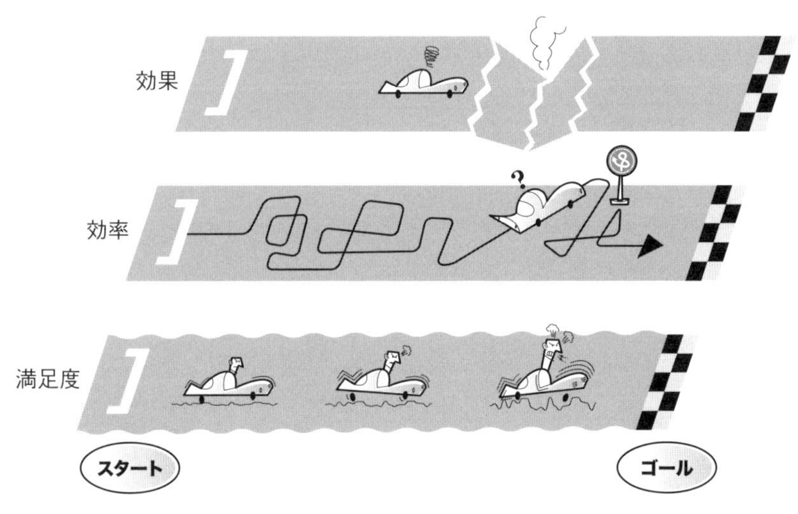

効果・効率・満足度
すべてを満たして、はじめてその製品はユーザブル（使用可能）であるといえる。

ユーザビリティの定義 ...Column

ユーザビリティテストは製品のユーザビリティを評価する手法です。では、『ユーザビリティ』とは？——。

『ユーザビリティ（使用性）』が初めて公式に定義されたのは『JIS Z 8521:1999』（ISO 9241-11:1998 の翻訳規格）です。その内容は《ある製品が、指定されたユーザによって、指定された利用の状況下で、指定された目標を達成するために用いられる際の、有効さ、効率及び満足度の度合い。》でした。

最近、上記の規格が 20 年ぶりに改訂されました。それが『JIS Z 8521:2020』（ISO 9241-11:2018 の翻訳規格）です。その内容は《特定のユーザが特定の利用状況において、システム、製品又はサービスを利用する際に、効果、効率及び満足を伴って特定の目標を達成する度合い。》です。

実質的にはほとんど変わっていないのですが、1 つだけ変わった点があります。それは『満足度（満足）』の定義です。

- 旧版：《不快さのないこと、及び製品使用に対しての肯定的な態度。》
- 新版：《システム、製品又はサービスの利用に起因するユーザのニーズ及び期待が満たされている程度に関するユーザの身体的、認知的及び感情的な受け止め方。》

旧版ではノン・ネガティブであることが強調されていたのですが、新版ではニュートラルな定義に変わりました。一般的に考えて、満足度は「非常に不満」から「非常に満足」まであるものなので、新版の定義のほうが妥当だとする実務家が多いようです。

③—5 人のユーザ

ユーザビリティ工学の創始者ヤコブ・ニールセン（Jakob Nielsen）は、テストする人数と発見できるユーザビリティ問題の数に関する公式を明らかにして、「**5 人のユーザでテストすれば、ユーザビリティ問題の大半（約 85%）を発見できる**」という説を唱えました。

$N(1-(1-L)^n)$

N：デザイン上のユーザビリティ問題の数（潜在的なものも含むので架空の値）

L：1人のユーザをテストして発見できるユーザビリティ問題が全体に占める割合（ヤコブ・ニールセンは経験値として0.31を提示）

n：テストするユーザ数

例えば、この公式に$L=0.31$、$n=5$を代入すると「$0.8436N$」となります。仮に100個のユーザビリティ問題が潜在的に含まれている製品ならば、5人でテストすると「84.36個」の問題点が発見できると期待されます。

この公式をもとにグラフを描くと興味深い考察が得られます。1人目のユーザからは最も多くの問題点（全体の約3分の1）が発見されます。2人目、3人目と回数を重ねるうちに新たに発見される問題点は減っていき、5人を超えると新たに得られる知見はほとんどありません。

実はユーザビリティテストの現場では「**3人目くらいまでは新たな問題点の発見が続くが、4人目以降では新たな発見は少なくなる**」という経験則が以前から知られていました。ヤコブ・ニールセンは、これに数学モデルを当てはめて理論的に実証しようとしたのです。

この公式は、それまでの大規模な実験を前提とした学術的なユーザビリティに対して、費用対効果に優れた実用的なユーザビリティが普及するきっかけとなりました。膨大なコストと時間を費やしていたテストの85%の成果が、わずか5人のユーザをテストするだけで得られることが明らかにされたのですから。

もちろん、この説に対して他の研究者からは多くの反論がありましたが、開発の現場では徐々に支持が広がり、現在では、何十人もテストするのではなく5〜6人の小規模なテストを行うことが世界標準になっています。

なお、ヤコブ・ニールセンは「5人のテストを“1回”やれば十分である」

と言っているわけではありません。テストでわかるのは問題点です。発見された問題点を修正したうえで再度検証しない限り、その修正が本当に正しかったかどうか判断できません。そして、その再検証でさらに新たな問題が見つかるかもしれません。そのため、通常は**5人のテストを2〜3回、つまり延べ10〜15人のテストをする**ことになります。

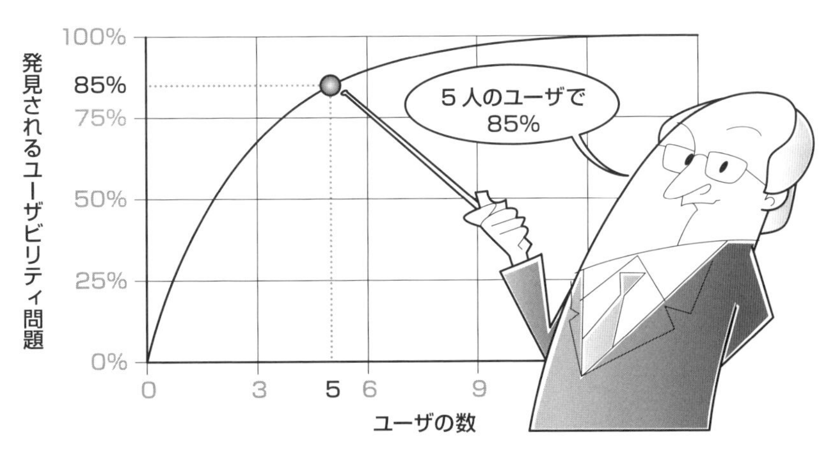

ユーザビリティテストは5人で十分
ヤコブ・ニールセンは5人テストすれば大半の問題を発見できると主張した。

④—ユーザの声と行動

ユーザビリティテストはインタビューではありません。ユーザにタスク（作業課題）を提示して、その実行過程を“黙って”観察するだけです。一般的なインタビュー調査の経験がある人ならば、もっと積極的に「ユーザの声」を引き出すべきではないかと考えるかもしれませんが、それは間違いです。

「どこが悪いと思いますか？」「どう改善すればよいと思いますか？」——テストの途中に、こんな質問をユーザに投げかけてはいけません。ユーザはUXリサーチャでもなければ、デザイナでもありません。製品の何が問題で、それをどう改善するかを考えるのは、その製品を開発した“あなた”の仕事です。

ユーザビリティテストにおいてユーザに要求すべきことは「真剣にタスクに取り組む」ことだけです。

そもそも、ユーザ中心設計では最初の「調査」の段階でユーザに「何が欲しいか」を尋ねません。その代わりに、ユーザの仕事や生活を観察して潜在的なユーザニーズを探索します。それは「評価」の段階になっても変わりません。ユーザに「何が悪いか」を尋ねる代わりに、**ユーザが製品を使用する際の行動を観察して問題点を発見**します。つまり、ユーザ中心設計では最初から最後まで一貫して「ユーザの声聞くべからず」なのです。

ユーザの声聞くべからず
ユーザビリティテストでは、ユーザの“声”を聞くのではなく、ユーザの“行動”を観察する。

肩越しの視線 ...Column

ユーザビリティテストを発明したのはヤコブ・ニールセン――ではありません。ニールセンは1990年代初めに、小規模なユーザビリティテスト（5ユーザテスト）を活用する「ディスカウント・ユーザビリティ工学」を提唱したというだけのことです。ユーザビリティテストそのものは、欧米のハイテク企業では1980年代初め頃から行われるようになっていたようです。

同じ頃、日本のゲーム開発会社の社内でユーザビリティテストと類似した独自の活動が行われていました。任天堂の社長であった故・岩田聡氏が以下のように証言されています（なお、下記の「宮本さん」とはドンキーコングやスーパーマリオの生みの親である宮本茂氏のことです）。

> その時代から、宮本さんはなんにも知らない人をつかまえてきて、ポンとコントローラー渡すんですよ。で、「さあ、やってみ」って言ってね、なんにも言わないで後ろから見てるんですよ。わたしは、それを「宮本さんの肩越しの視線」と呼んでたんですけど。
> （引用元：「ほぼ日刊イトイ新聞」
> https://www.1101.com/iwata/2007-09-03.html）

岩田氏が「肩越しの視線」と呼んだこの活動は、後に『プレイテスト（Playtest）』として世界中で用いられるようになりました。現代では、一度に何十人も同時にテストできる大規模な施設が使われるようになっていますが、「何も言わないで後ろから見る」という基本は変わっていません。

章末Column UTブック・ガイド

① UTが活躍する本

本書は、最初から最後までユーザビリティテストについて書かれた“UT専門”のガイドブックです。

「それが、どうした？」と思うかもしれませんが、実は、**1冊まるごとユーザビリティテストという本はほとんどありません**でした。私（樽本）の記憶の範囲では、黒須先生編著の『ユーザビリティテスティング』（共立出版、2003年）、同じく黒須先生監修の『実践ユーザビリティテスティング』（翔泳社、2007年）、そして拙著『アジャイル・ユーザビリティ』（オーム社、2012年）くらいです。

しかしながら、ユーザビリティテストはユーザ中心設計（人間中心設計）における最重要手法の1つ。そんな“メジャー”なテーマを扱った本がないというのは、これ如何に？――理由は簡単、他のテーマを扱った本の中に含まれているのです。

ウェブデザイン、UIデザイン、UXデザイン、サービスデザイン、デザイン思考、リーンスタートアップ、アジャイル開発、プロダクトマネジメント、グロースハック、ユニバーサルデザイン、etc…。

ユーザビリティテストは様々な製品やサービスの開発・改良のために幅広く利用されています。つまり、書名に「ユーザビリティテスト」と書いていなくても**「ユーザビリティテストが活躍する本」**はたくさんあるのです。

なお、それらの本の中では「ユーザビリティテスト」ではなく、「インタビュー」「観察」「ユーザ評価」などと表記している場合が多々あります。そのため、自分がやっていることが、実は「ユーザビリティテスト」であることに気付いていない人も多いかもしれません。

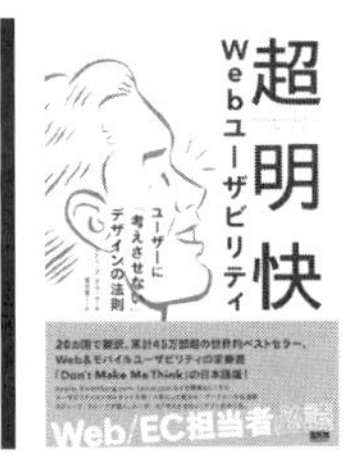

◎スティーブ・クルーグ（著）、福田 篤人（翻訳）:『超明快 **Web** ユーザビリティ』、ビー・エヌ・エヌ新社、**2016** 年

原題『Don't Make Me Think!』――初版は 2000 年に刊行され、その後 3 版を重ね、20 か国語に翻訳され、累計刷数は 60 万部――というベストセラーです。著者は「DIY ユーザビリティテスト」の伝道師として名高いスティーブ・クルーグ。本書は所謂ウェブデザイン本なのですが、一番有名なのは「第 9 章　1 日 10 円でできるユーザビリティテスト」です。(欧米では）この“伝説の第 9 章”を読んでテストを始めたというデザイナやエンジニアや起業家がたくさんいるのです。

◎玉飼 真一（著）、村上 竜介（著）、佐藤 哲（著）、太田 文明（著）、常盤 晋作（著）、株式会社アイ・エム・ジェイ（著）:『**Web** 制作者のための **UX** デザインをはじめる本』、翔泳社、**2016** 年

デジタルマーケティング会社アイ・エム・ジェイの精鋭スタッフの手による UX デザイン入門書。調査から評価まで全プロセスが解説されていますが、本書がユニークなのは「2 章　ユーザビリティ評価からはじめる」から始まっている点です。つまり、「プロセス順」ではなく「お薦め順」で章が構成されているのです。簡潔な記述とアウトプット例が豊富に載っている、非常に読みやすい 1 冊です。中国語版（簡体字）と韓国語版もあります。

◎株式会社ビービット（著）、武井 由紀子（著）、三木 順哉（著）:『ユーザ中心ウェブビジネス戦略』、**SB** クリエイティブ、**2013** 年

ウェブ戦略コンサルティング会社ビービットは、ユーザビリティテスト（ビービット社では「ユーザ行動観察」と呼ぶ）を多用したユーザ中心設計を行うことで有名です。本書には、年間 1000 セッションを超えるテストを行うという、彼らのノウハウが惜しみなく詰まっています。ちなみに、リモート UX リサーチ・サービス「Pop Insight」はビービット社の“卒業生”の手によって生み出されました。

◎ **Jaime Levy（著）、安藤　幸央（監修）：『UX 戦略』、オライリージャパン、2016 年**

タイトルは「戦略」ですが、実際は「リーンスタートアップ式 UCD の教科書」とも言える内容で、実践的なステップ・バイ・ステップガイドになっています。「8 章　ゲリラユーザ調査の実施」では所謂「スタバ・テスト（街角のカフェで行うテスト）」の実施方法が解説されています。この日本語版もよく売れていますが、原書は欧米でさらに売れていて、2021 年に第 2 版が刊行される予定です。

◎**ジェフ・ゴーセルフ（著）、ジョシュ・セイデン（著）：『Lean UX 第 2 版』、オライリージャパン、2017 年**

「リーンスタートアップ」にテスト（仮説検証）は必須です。エリック・リースやアッシュ・マウリヤも、彼らの著書の中で「実験」や「MVP インタビュー」について記述していました。そして、本書の「6 章　フィードバックとリサーチ」の中で紹介されているのが「週 1 回、昼 12 時までに、3 人のユーザで」テストを実施するという活動です。小規模に、持続的に——これがリンスタ時代のユーザビリティテストの基本型です。

◎**ジェイク・ナップ（著）、ジョン・ゼラツキー（著）、ブレイデン・コウィッツ（著）：『SPRINT 最速仕事術』、ダイヤモンド社、2017 年**

Google の投資部門 Google Ventures で開発された手法「デザイン・スプリント」の実践的解説書です。デザイン・スプリントでは 5 日間でデザイン思考のプロセスをひと回ししますが、5 日目の「金曜日」に行うのが「5 ユーザテスト」（本書では「インタビュー」と呼んでいる）です。「15 章　現実を知る」～「17 章　学習する」ではユーザビリティテストの要点が簡潔に解説されています。

② UT の教科書

ユーザビリティテストの“本家本元”はユーザ中心設計（人間中心設計）です。当然ながら、その専門書には必ずユーザビリティテストを解説した部や章があります。ユーザビリティテストにとどまらず**プロセスを学びたい**場合は、そういった書籍を手に取ると良いでしょう。ここでは“教科書的”な内容の 3 冊を紹介しておきます。

◎安藤 昌也（著）:『UX デザインの教科書』、丸善出版、2016 年

安藤先生が書いた日本で一番売れている UX 本。無味乾燥な「教科書」ではなく、丁寧な解説と、たくさんの事例や図表を取り交ぜた、アカデミズムと実用性を兼ね備えた良書です。もちろん全国の大学では「教科書」としても広く採用されています。なお、ページ数は 250 ページ程度ですが、大型本なのでボリューム感は結構なものです。じっくり腰を据えて読みましょう。

◎トム・タリス（著）、ビル・アルバート（著）、篠原 稔和（翻訳）:『ユーザーエクスペリエンスの測定』、東京電機大学出版局、2014 年

「量的（定量的）ユーザビリティ評価」の定番本です。タイトルの通り「UX/ ユーザビリティを測定」する方法――統計学の基礎から始まり、パフォーマンス測定、質問紙法、行動・生理メトリクスまで――が幅広く解説されています。原書は 2008 年に初版、2014 年に第 2 版が出ましたが、本書は（残念ながら）初版の翻訳です。

◎黒須 正明（著、編集）、樽本 徹也（著）、奥泉 直子（著）、古田 一義（著）、佐藤 純（著）:『人間中心設計における評価』、近代科学社、2019 年

近代科学社から刊行されている「HCD ライブラリー」シリーズの第 7 巻です。「2 章　ユーザビリティ・インスペクション」「3 章　ユーザビリティテスト」「4 章　質問紙法」「5 章　UX の評価」と評価手法が幅広く解説されています。特に、ユーザビリティテストについては、進行シートや報告書の“実物”が掲載されています。

③ 1 冊まるごと UT（洋書）

洋書（英語）に目を向ければ「1 冊まるごとユーザビリティテスト」という専門書があります。アマゾンで「usability test」で検索すれば簡単に見つかりますが、実は、その中に「**有名な 3 冊**」があるので紹介しておきます。

◎ Jeffrey Rubin（著）:『Handbook of Usability Testing』, Wiley, 2008 年

1994 年に初版が刊行された「ユーザビリティテストの古典」です。著者のジェフリー・ルービンはベル研でユーザビリティテスト手法を開発し、その後コンサルタントとして様々な IT 企業にその技術を伝授したという、まさしく“大家”の 1 人です。日本でも、この本で勉強した人は多い（当時は本書しかなかったので）。ただ、今読むとちょっと古い感じがするかも。

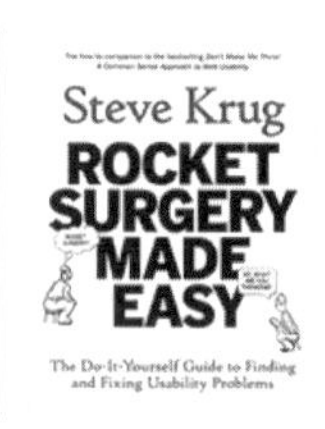

◎ Steve Krug（著）:『Rocket Surgery Made Easy』, New Riders Press, 2009 年

『Don’t Make Me Think!』のスティーブ・クルーグの第 2 作。風変わりなタイトルですが、「ロケット外科手術」とは“すごく難しい（と誤解されている）コト”を皮肉った彼の造語で、要するにユーザビリティテストを指しています。つまり、タイトルを意訳すれば「お手軽ユーザビリティテスト・ガイドブック」といった感じでしょう。ちなみにページ数もお手軽。

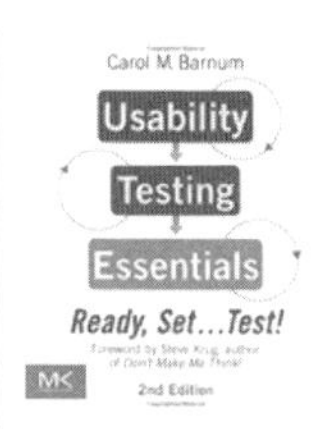

◎ Carol M. Barnum（著）:『Usability Testing Essentials』, Morgan Kaufmann, 2020 年

現時点で一番のお薦め本です。キャロル・バーナムは黒須先生監修『実践ユーザビリティテスティング』の原著者です。元々はテクニカル・コミュニケーションの研究者ですが、ユーザビリティテスト関連の著作の方が有名です。2010 年に出した「Essentials」の初版が好評で、この度、待望の第 2 版が出ました。ラボを使った正統派ユーザビリティテストが学べます。

Chapter 2

求人ガイド

2-1
テスト計画

❶―スケジュール

ユーザビリティテストは「①リクルート」「②設計（タスク／テスト）」「③実査」「④分析」という4ステップで実施します。ただし、「①リクルート」と「②設計」は平行して行うので、実施期間＝「①リクルート」＋「③実査」＋「④分析」となります。

総括的評価を目的としたユーザビリティテストが主流の時代は、企画から報告完了までに1.5～2カ月を要する大仰なものでしたが、その後、軽量化・高速化が進み、現代では「**1週間＋α**」程度で完了するカジュアルなものになっています。

〈スケジュール例〉
金曜日：①リクルート開始
月曜日：②設計開始
水曜日：①リクルート完了、②設計完了
木曜日：③実査（3～4人）開始
金曜日：③実査（1～2人）完了、④分析完了
（土曜日に5人まとめて③実査も可。④分析は翌月曜日）

ただし、上記は担当者が習熟している場合の例です。最初のうちは、もっと余裕を持って2週間くらいの全体スケジュールを予定しておいた方が無難でしょう。また、リクルートを調査会社に外注したり、出現率の低いユーザをリクルートしたりする場合は、リクルートだけで2週間程度かかるかもしれません（それでも全体で3週間以内に収まります）。

なお、これで“1回”です。現代のユーザビリティテストは“反復”します。つまり、これを**最低でも月1回、場合によっては週1回**のペースで繰り返し

実施します。カジュアルであっても、決して“楽”な仕事ではありません。

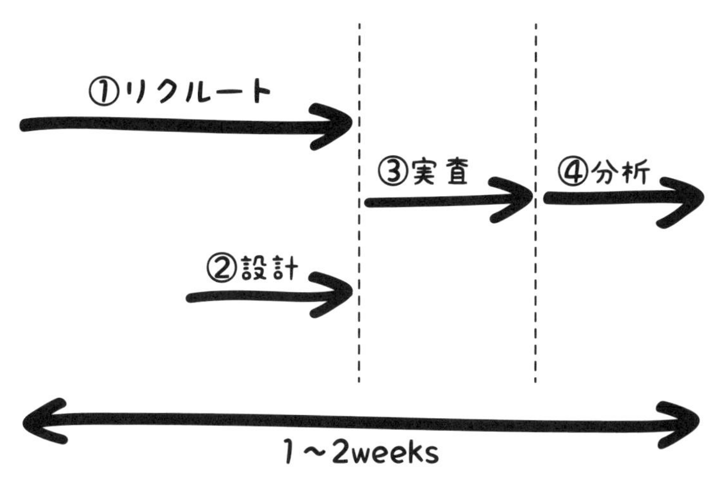

ユーザビリティテストのスケジュール
実施プロセスの中で最も時間がかかるのは「リクルート」。

❷—時間割

全体スケジュールとは別に、もう1つスケジュールを立てる必要があります。実査の時間割です。10：00から17：00の間で立て続けに5人のユーザをテストして実査完了！——と行けば言うことはありませんが、残念ながらそんなに上手くリクルートできないでしょう。

時間割は午前（昼くらいまで）、午後（17：00くらいまで）、夜間（18：30以降）の3部構成で検討します。例えば、1時間のテストならば、午前2セッション、午後3セッション、夜間2セッションの計7コマを設定できます。

〈時間割例〉
① 09：30～10：30、② 11：00～12：00、③ 13：00～14：00、④ 14：30～15：30、
⑤ 16：00～17：00、⑥ 18：30～19：30、⑦ 20：00～21：00

もう少しコマ数を増やしたくなるかもしれませんが、**18：00前後は非常に**

応募が少ない時間帯なので敢えて空けています。また、各セッションの間には**30分のインターバルを取る**ようにしています。インターバルは休憩時間というよりは、次のセッションの準備のための時間です。また、ユーザが遅刻してきたりインタビューが長引いたりした場合でも、インターバルで吸収すれば、次のセッションは予定通り行えます。そのため、あまり短くすべきではありません。

実際には、コマ数にかかわらず、平日に5人以上のアポイントを入れるのは難しいと思います（リクルートを外注する場合は除く）。そのため、平日に実査を行う場合は、なるべく**2日以上の日程を確保する**ようにしてください。特に夜間（18：30以降）を2日間使えれば、リクルートはかなり楽になるはずです。

アポイントを取るだけでも“ひと仕事”なのですが、それでも、なるべく**セッションを連続させる**ように配慮してください。見学者のためです。例えば、1人目が09：30～10：30、2人目が14：30～15：30、3人目が20：00～21：00という時間割だとすれば、この3セッションをすべて見学してくれる関係者はいないでしょう。一方、1人目が14：30～15：30、2人目が16：00～17：00、3人目が18：30～19：30であれば、少なくとも2セッションは見学してくれるのではないでしょうか。

❸—予算

内製化を前提とすればユーザビリティテストに多額の予算は不要です。経費として計上する可能性がある項目は以下のとおりですが、実際には、謝礼以外はほぼ「ゼロ円」で済ませられるでしょう。差し当たり**現金は5万円**も用意しておけばお釣りが来るはずです。

- 会場費：テスト用施設と設備。社内の会議室で可。
- 機材費：テスト用機材・資材。社内にあるもので可。
- 謝礼費：数千円／1人。

● 雑費：飲物、茶菓子等。

現金で支出するのは数万円かもしれませんが、それ以外に「工数（人件費)」がかかります。テスト業務の担当者に加えて、テスト対象製品の関係者（プロダクトマネージャ、エンジニア、デザイナなど）にも見学や分析に参加してもらう必要があります。

例えば、テスト担当者2人と関係者3人が関与する実施期間5日間というテストついて、工数を大雑把に見積ると以下のようになります。

● テスト実施：1.5人（メイン1名+補助1名）×5日＝7.5人日
● テスト見学：3人×5セッション（各1時間）＝15人時（約2人日）
● 分析参加：3人×3時間＝9人時（約1人日）

合計すると**工数は約10人日**。人件費を1人日＝5万円〜10万円と仮定すれば「50万円〜100万円」相当ということになります。これは決して“安い”とは言えない金額でしょう。また、リクルート業務を外注するとさらに経費も増加します。こういった点について事前に社内で合意しておかないと、後から「話が違う」と不満が噴出してしまいます。

なお、「工数を削減する」ために「テスト担当者だけで全部やる」という計画を立ててはいけません。ユーザビリティテストの価値は、関係者が「百聞は一見に如かず」という体験をすることにあります。それをすべて担当者任せにして、後でレポートを読むだけならば、結局「コストは下がるが成果はなくなる」という結果に終わります。手間はかかりますが、必ず関係者を巻き込みましょう。

UT 見学会 ...Column

「ユーザビリティテストって何？」——あなたは、そんな“問い”に答えることから始める必要があるかもしれません。そんな時は、気軽な社内イベントとして「UT 見学会」を開催してみてはいかがでしょうか（特に“ライバル製品”をネタにすると盛り上がります）。

実際、私（樽本）も『ユーザテスト Live! 見学会』というイベントを開催*していたことがあります。「ユーザテストを仕事帰りに、手軽に、気軽に体験できる」を謳い文句に、「ネイル写真投稿サービス」から「電力比較サイト」まで“旬”なアプリをネタにして、一般の観客の前で公開形式のテストを実施しました。

ユーザビリティテストは我々に「百聞は一見に如かず」という体験を与えてくれますが、ユーザビリティテストそのものが「百聞は一見に如かず」という性質を持っていると思います。つまり、「ユーザビリティテストとは何か」を延々と説明するよりも、実際に「見る／見せる」ほうが話が早いのです。

UT 見学会の例
第 10 回ユーザテスト Live! 見学会「電力比較サイト編」(2016 年 9 月 12 日開催)。

*「UIscope」の運営元イノベータ社との共同開催。なお、現在はプロジェクトカンパニー社が UIscope を運営。

2-2 リクルート

「テスト参加者(ユーザ)」がいないことにはユーザビリティテストは始まりません。**テストに参加してくれるユーザを集める**ことを『リクルート（Recruiting)』といいます。リクルートはユーザビリティテストの最初のステップであるとともに、その成否を左右する重要な活動です。

❶—リクルート条件

ユーザビリティテストには「誰」に来てもらえばいいのでしょうか——。その製品を利用する「代表的なユーザ」に来てもらうというのが原則です。そこで、その「代表者像」を具体的に定義します。これを『リクルート条件』といいます。

ところが、「この製品の代表的なユーザとは？」と問われると、多くの開発チームが混乱するようです。あるチームはロッカーの奥から過去に行ったマーケティング調査の結果を引っ張り出してきて、「男女は1：1で、20代・30代・40代は5：3：2、東日本と西日本が3：2で……」などといった統計的データをこじつけてしまうかもしれませんが、当然ながらこれは全く役に立ちません。私たちは市場調査をするわけではありません。

また、製品開発初期に作成した『ペルソナ』を思い出すチームもあるかもしれません。確かにペルソナシートには「ケイスケ、埼玉県在住、22歳」や「ミチコ、京都府在住、33歳」といったユーザ像が詳細に定義されていますが、これはあくまで“仮想”のデータです。もし、このペルソナを盲信して、テスト参加者を埼玉県在住の22歳男性や京都府在住の33歳女性に限定するとすれば、それは全くの見当違いです。

実は、ユーザビリティテストの参加者として**最も重要な条件とは「その製品を利用できる」**ことです。

例えば、「チラシアプリ」のテストに「実家暮らしをしている21歳の男子大学生」をリクルートしたとします。もちろん、彼はアプリを使って近所のスーパーの「チラシを表示」することはできるでしょう。しかし、旬の食材に注目したり、卵の価格を比較したり、お買い得品をメモしたりといった「チラシを利用」することはできないでしょう。実家暮らしの男子大学生は、普段の生活でそんなことをしていないからです。この場合、彼よりも、彼の“母親”の方がテスト参加者として適しているはずです。

つまり、ユーザビリティテストのリクルート条件では、性別・年齢・職業といった「デモグラフィック属性」を定義すること以上に、その製品のユーザ特有の「行動」を定義することが重要なのです。そして、このようなリクルート条件は、通常、30字前後の「**一行ステートメント**」として簡潔にまとめられます。参考までにいくつか例を挙げておきましょう。

- 週2回以上スーパーやドラッグストアで買い物する既婚女性【チラシアプリ】
- 仕事で人と会う機会の多いビジネスパーソン（営業職など。性別・年齢は不問）【名刺管理アプリ】
- 月1回以上ネイルサロンに行く20代から30代の女性【ネイルアプリ】
- 休日は友人と一緒にイベントや新しく出来たお店などに出掛けることが多い20代後半から30代前半の女性【旅行情報アプリ】
- 毎年確定申告する人（性別・年齢は不問）【財務会計アプリ】

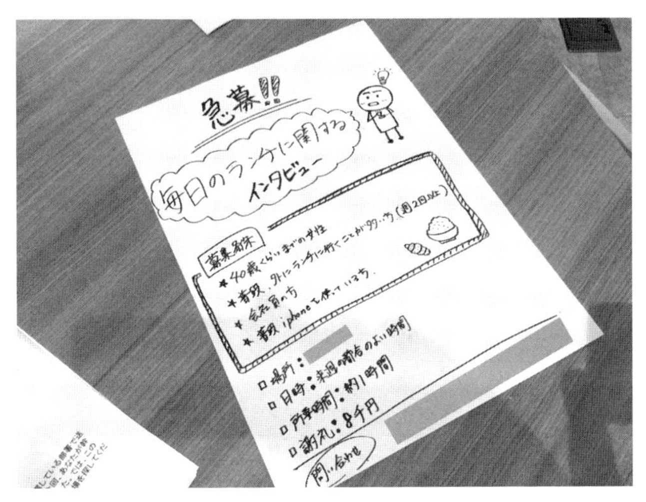

リクルート条件

街の貼り紙求人広告のように、リクルート条件は簡潔にまとめることができる。

被験者と参加者 …Column

調査や実験に協力してくれる人のことを、英語では「Participant（参加者）」と呼びます。

以前は「Subject（被験者／対象者）」と呼んでいましたが、“人体実験の材料”っぽいイメージが付きまとうので、（特に英語では）使われなくなりました。それに対して、「Participant（参加者）」には、事前の説明と同意に基づき“自らの意思で参加する”という倫理的な意味が込められています。

しかし、日本語で「参加者」と言うと、それが「ユーザ（Participant）」のことなのか、「見学者（Observer）」のことなのか区別がつきづらくなります。そこで、私（樽本）は“現場”では敢えて「被験者」を使うようにしています。（なお、公式な場面では「テスト参加者」または「ユーザ」を使います。）

❷―求人チャネル

テスト参加者は「どこ」で探せばいいのでしょうか――。以前、渋谷の道玄坂では、街頭調査（アンケートやセントラル・ロケーションテスト）に協力を依頼するリクルータが列をなして、行き交う人に片っ端から声を掛けていたものです。ユーザビリティテストの参加者を街頭で探すことはありませんが、このように「多くの人に声を掛ける」というのはリクルートの基本です。

リクルートのためのチャネルには以下のようなものがあります。

- 調査会社のモニター
- 顧客
- 人脈

最も代表的なチャネルは「**調査会社のモニター**」です。大手の市場調査会社は大規模な消費者モニターを自社で構築しています。本来はクライアントから受託した調査（アンケートやグルイン）を実施するためのものですが、そのモニターを使って他社のリクルート業務を代行するというサービスも提供しているのです。もちろん費用はかかりますが、この中で一番“楽”な方法です。

IT サービスを提供する事業会社（SaaS）が最もよく利用しているのが「**顧客**」でしょう。これから製品をリリースするというスタートアップでもない限り、どの会社にも既存製品の既存顧客がいるはずです。彼らにメッセージを送って協力を依頼すれば良いのです。ただ、営業部門や顧客管理部門の許可と協力が得られないと実施できません。事前に丁寧な社内調整が必要になります。

この中で一番手軽なのは「**人脈**」です。つまり、あなた（および同僚）の「友達」や「友達の友達」に協力を依頼するのです。非効率な感じがするかもしれませんが、『シックス・ディグリー理論』として知られているように個人の人脈の力は侮れません。今は SNS が発達しているのでさらに強力になっています。それに人脈を使ってリクルートした方がテスト参加者の質は上がります。相手がどんな人物かよく分かっているからです。最近は企業のリクルート活動（社員の採用）でも、既存社員の人脈を活かした「リファラル採用」が注目されているくらいです。

シックス・ディグリー理論
友達の友達のさらに友達……を６回繰り返せば地球の人口を超えるという説がある。

❸ ― 人脈でリクルート

人脈を使って協力者を探す方法を『機縁法』（英語では「Snowball Sampling：雪だるま式サンプリング」）と言います。機縁法は決して“間に合わせ”の手法ではありません。調査会社でも自社モニターの中で見つからない場合は機縁法を使いますし、ジャーナリストや作家が取材協力者を探すのも機縁法です。

ジャーナリスト等は文字通り「友達の友達のさらに友達……」と人脈を深く手繰って取材対象にたどり着きますが、ユーザビリティテストでそこまで“希少”な人物を探すことはありません。通常、「友達」または「友達の友達」の範囲で事足ります。そこで、まずは**フェイスブックやツイッター**を使ってリクルートします。

例えば、「旅行情報アプリ」のリクルートをフェイスブックを使って行うとすれば、以下のような手順になります。

手順	あなた	友達
①投稿	【謝礼5千円】来週、「旅行に関するインタビュー」を予定しています。 〈応募条件〉 ・20代後半から30代前半の女性 ・休日は友人と一緒にイベントや新しく出来たお店などに出掛けることが多い人 ・iPhone使っている人 〈概要〉 ・日時：○月×日(木)または○月△日(金) ・所要時間：約1時間（開始時刻は相談可） ・場所：渋谷駅周辺 ・謝礼：Amazonギフト券5千円（交通費込） ぜひ、ご協力お願いします。参加可能な人は、私に直接メッセージください。お待ちしています！	
②応募		お久しぶりです。私でよければ、木曜でも金曜でも夜なら参加できます。
③初見チェック	ありがとうございます！ 1点、追加で教えてください。 ご自身のスマホ（iPhone）にインストールしている／していた「旅行情報アプリ」はありますか？　例えば「じゃらん観光ガイド」「まっぷるマガジン」「るるぶNEWS」「ホリデー」など。	
		じゃらんとトリップアドバイザーを使ったことがあります。
④アポイント	了解しました。では、○月×日(木)の18：30～19：30はいかがでしょうか？	
	〈以下、省略〉	〈以下、省略〉

①投稿

応募条件と日程、謝礼を明示した募集メッセージをニュースフィードに投稿します。なお、ここでは調査テーマを「旅行情報アプリのユーザビリティテスト」ではなく「旅行に関するインタビュー」と表記しています。「テスト」と書くと“怖がる”人がいるからです。

②応募

応募は原則としてメッセージで個別に受け付けます。投稿のコメント欄で受け付けると「③初見チェック」のような追加質問ができなくなるからです。なお、あなたと応募者はお互い知り合いなので、年齢などの応募条件の再確認は不要です。

③初見チェック

テスト対象製品の利用経験がないユーザ（初見ユーザ）を集めたいと思っている場合は、それをチェックします。その際に「対象製品の利用経験の有無」を尋ねると、どのアプリをテストするのか事前に分かってしまいます。そして、もし、相手が“気を利かせて”そのアプリを事前に使用してから会場に来ると、テストが台無しになってしまいます。そこで敢えて対象製品を含む複数の類似製品を提示して“目隠し”しています。

④アポイント

応募者が条件をすべて満たしていることが確認できたら、具体的な日時を提示してアポイントを取ります。さらに、会場の場所や入館方法、持参してもらうもの（例：謝礼の領収書に押す印鑑など）なども伝えます。なお、もし条件を満たしていない場合は、理由を説明したうえで丁寧に断りましょう。次回以降のリクルート時に、また気持ちよく応募してもらうためです。

なお、人脈でリクルートした場合、“ドタキャン”は滅多にありません。ただ、うっかり忘れたり、日時を勘違いしたりすることはあるので、**必ず「前日確認」のメッセージを送る**ようにしてください。

ところで、もし「②応募」がなかったら？――対策は2つあります。

- **直接依頼**：フェイスブックの友達リストを眺めながら、条件を満たしていそうな人に直接メッセージを送って協力を依頼します。その場合、相手の都合に合わせて日程を柔軟に変更する方が受諾率は上がります。
- **友達の友達**：自分の友人または会社の同僚に頼んで、彼らの友達をリクルートしてもらいます。ある人の周辺には、その人と似たような人が多くいるものです。友人や同僚の中から目星をつけて事情を話してみましょう。意外と協力してくれるものです（場合によっては“紹介料”を支払う）。

どこでもリクルート …Column

リクルートのチャネルは調査会社のモニターやフェイスブックの友達に限りません。ちょっと想像力を働かせて自分の周りを見回せば、候補者はそこらじゅうで見つかるはずです。

- **廊下**：社内の廊下を歩いている他の部署の社員をつかまえてきて協力してもらうというカジュアルな感じのテストを「ホールウェイ・テスト（Hallway testing）」といいます。さすがに業務時間中に急に依頼しても無理ですが、事前に声をかけたり、社内メーリングリストで依頼したりすれば快く応じてくれるでしょう。
- **展示会**：あなたの会社が展示会に出展したり、プライベートセミナーを開催したりするのならば、その機会を逃してはいけません。来場者は明らかに既存および潜在的エンドユーザといえます。マーケティングの責任者に事情を説明して、展示ブースの裏に来場者と落ち着いて話ができるようなスペースを用意してもらいましょう。
- **講習会**：あなたの会社は顧客に対して自社製品の講習会を提供していないでしょうか。こういった講習会は初級／中級などのレベル設定もされていることが多いので、リクルートには最適です。なお、あなたが“講師の1人”として講習会に潜り込んで観察するという調査手法もあります。
- **教室**：駅前に限らず街の公民館にも「〇〇教室」が溢れています。そこには共通した知識・経験・動機を持った人々が集っています。例えば「英語教室」の生徒ならば辞書アプリや翻訳アプリを、「デジカメ教室」の生徒ならばカメラアプリや画像処理アプリを試してもらえるでしょう。なお、アジア市場向けの製品ならば「日本語教室」に協力を要請してみましょう。

- **顧問**：弁護士、税理士、社労士……。あなたの会社でも、いわゆる“士業”の人たちと顧問契約を結んでいるのではないでしょうか。もし、そういった専門職の人たちを対象としたテストを実施する必要が生じた場合は、まず自社の顧問の“先生”に仲間を紹介してくれるよう依頼してみましょう。専門職の集団は、外部に対しては門戸を閉ざし気味ですが、身内に対しては寛容な傾向があります。

④ — スクリーナ

人脈を超えて、もっと多くの人を対象にリクルートするのならば、小規模なアンケート調査を行った方が効率的です。例えば「顧客 300 人にメールを送って、50 人の応募があって、その中から 10 人を選ぶ」といったような場合です。応募者から該当者を選別するための判定質問を『スクリーナ』といいます。

このような場合、通常、あなたと応募者の間に個人的なつながりはないので、彼らの回答を鵜呑みにする訳には行きません。もしかすると、何人かの応募者は謝礼目当てで、条件を満たしていないのに応募しているかもしれません。

そこで、リクルート条件をアンケート調査票形式に書き換えます。各質問項目では複数の選択肢を提示して、回答者にはどれが該当項目なのか分からないようにします。また、参加可能日時も一緒に聞いてしまえば効率的に実査スケジュールを組めます。

例えば、人脈でリクルートする例として取り上げた「旅行情報アプリ」の応募条件をオンライン用スクリーナに変換すると以下のようになります。

【凡例】○：ラジオボタン　□：チェックボックス　[ ]：テキストボックス

「旅行に関するインタビュー」応募アンケート

インタビューに参加をご希望の方は、以下のアンケートにお答え願います（8問全部にお答えください）。

Q1　性別をお知らせください。（1つ選択）
○　男性
○　女性

Q2　年齢をお知らせください。（半角数字を入力）
[　　] 歳

Q3　職業（業種と職種）をお知らせください。
[　　　　　　　　　　　　]

Q4　現在お使いのスマホの種類をお知らせください。（複数選択可）
□　iPhone
□　Android
□　その他

Q5　休日の主な過ごし方をお知らせください。（1つ選択）
○　趣味や休息のために家で過ごすことが多い
○　一人で買い物や小旅行に出掛けることが多い
○　友人と一緒に海や山などアウトドアに出掛けることが多い
○　友人と一緒にイベントや新しく出来たお店などに出掛けることが多い
○　その他（具体的に：[　　　　　　　　　　　　])

Q6　ご自身のスマホにインストールしている／していた「旅行情報アプリ」があればお知らせください。（複数選択可）
□　トリップアドバイザー
□　じゃらん観光ガイド
□　まっぷるマガジン
□　るるぶ NEWS
□　ホリデー
□　その他（具体的に：[　　　　　　　　　　　　])

Q7　インタビューに参加可能な日時をお知らせください。（複数選択可）

□　○月×日（木）09：30-10：30
□　○月×日（木）11：00-12：00
□　○月×日（木）13：00-14：00
□　○月×日（木）14：30-15：30
□　○月×日（木）16：00-17：00
□　○月×日（木）18：30-19：30
□　○月×日（木）20：00-21：00
□　○月△日（金）09：30-10：30
□　○月△日（金）11：00-12：00
□　○月△日（金）13：00-14：00
□　○月△日（金）14：30-15：30
□　○月△日（金）16：00-17：00
□　○月△日（金）18：30-19：30
□　○月△日（金）20：00-21：00

Q8　氏名（姓・名）をお知らせください。

［　　　　　　　　　　　　　　］

Q9　メールアドレスをお知らせください。

［　　　　　　　　　　　　　　］

参加をお願いする場合は、上記で入力していただいたメールアドレスに、改めて弊社からご連絡いたします。

❺―テスト参加者リスト

リクルート活動のアウトプットは『テスト参加者リスト』です。書式に決まりはありませんが、最低限、「いつ（日時）」「誰（年齢・性別・職業など）」が来るのかを記載します。その他には、重要なスクリーニング項目を追記する場合もあります。

この参加者リストはテストの見学者と社内で共有します。そのため、原則として相手の氏名・電話番号といった「個人情報」は載せません。もちろん、リクルート時には相手の連絡先を把握していますが、それはリクルート担当者の手元だけに留めておきます。

参加者リストを確定させればリクルート活動は終わりです。ただし、次回のテストを予定しているのならば、なるべく早く準備を始めましょう。

もしかすると、今回のリストを“再利用”するつもりの人がいるかもしれませんが、それは原則として禁止です。なぜなら、今回のテストに参加した彼／彼女たちは、もはや「初見」ではないからです。同じ製品を繰り返しテストする場合は毎回異なるユーザで行います。つまり、**5人のテストを3回行うのならば15人リクルートする**ということです。なお、全く別の製品をテストするのならば、同じユーザに参加してもらっても構いません。

No.	日時	テスト参加者	ランチ外食
1	○月×日（木）11：00-12：00	30代 女性 既婚 情報	週2〜3回
2	○月×日（木）18：30-19：30	20代 女性 未婚 商社	週4〜5回
3	○月×日（木）20：00-21：00	20代 女性 既婚 流通	週2〜3回
4	○月△日（金）18：30-19：30	30代 女性 未婚 医療	週2〜3回
5	○月△日（金）20：00-21：00	30代 女性 未婚 教育	週2〜3回

テスト参加者リストの作成例
飲食店情報アプリ「ランチに関するインタビュー」の場合。

ショーが始まらない ...Column

アポイントの時間が過ぎてもユーザが会場に現れない（英語では“No-show”）ことがあります。

私（樽本）の経験では、調査会社のモニターを使ってリクルートした場合の欠席率は2～3%程度だと思います。ただ、欠席があってから慌てても後の祭りです。欠席の連絡をしてくれるユーザもいますが、いずれにしても実査当日のキャンセルでは追加リクルートは間に合いません。また、遅刻するユーザも少なくありません。このように、何らかのトラブルが発生する確率は5～10%くらいあると覚悟をしておいた方が無難です（テスト中にユーザが体調を崩す場合もあります）。

そこで、あらかじめ“リザーブ”を確保しておくことをお薦めします。つまり、1人“余分”にリクルートするのです。5人のテストを行いたいのならば6人リクルートします。男性5人と女性5人の合計10人のテストの場合は、男女6人ずつ合計12人リクルートします。もちろん費用は余分にかかりますが、トラブルが起きてから善後策で駆け回ることを考えれば、十分に価値のある出費です。

ところで、「リザーブのユーザの扱いはどうするのか？」と疑問に感じる人もいると思います。私は「謝礼を渡してお帰りいただく」という方針でやっていました。ただ、「あなたは予備でした」と言うとユーザの心証を害してしまうかもしれないので、「マシントラブル」や「ネットワーク障害」など“もっともらしい理由”を説明して、丁重にお引き取り願うようにしていました。

なお、人脈でリクルートした場合はドタキャンの心配をする必要はありません。何かあれば必ず事前に連絡がありますし、リスケ（日程再調整）にも柔軟に応じてくれます。やはり“友達”は頼りになります。

章末Column 謝礼にまつわるエトセトラ

テストに参加してくれたユーザには「謝礼」をお渡しします。日本語の謝礼は文字通り「感謝」という意味ですが、英語で謝礼に相当する単語は「Reward（報酬）」や「Incentive（動機）」などです。謝礼はこの3つの要素を兼ね備えているべきものだと思います。つまり、単なる「感謝」の気持ちにとどまらず、本格的な「報酬」というほど高額ではないけれど、テストに参加しようという「動機」付けになるような金品ということです。

①謝礼の相場*

海外の事例ではノベルティグッズ（マグカップやTシャツなど）を謝礼にするという話が載っていますが、よほど“レア”なノベルティでない限り、ゴミ箱行きになるのは明らかでしょう。

謝礼は現金が一番です。現金の支出が難しければ「Amazonギフト券」などの金券でも構いません。首都圏の謝礼の相場はおおよそ以下のとおりです（いずれも交通費込み）。

Amazonギフト券ボックスタイプ
同じギフト券でも洒落た箱に入っている方が「感謝」の気持ちが伝わる。

＊謝礼は税務上は「報酬」ですので、「源泉徴収（10.21％）」の義務があります。そのため謝礼の手取り額が「5,000円」の場合、支払総額は「5,568円」になります。支払形態や金額で課税の有無・税率が異なる場合があるので、事前に社内の経理部門に相談してください。

- 1 時間：5〜6 千円
- 1 時間半：7〜8 千円
- 2 時間：1 万円

現金や金券以外でも喜ばれるものはあります。例えば、ある大手ソフトウェアベンダの謝礼は自社の OS やビジネスアプリケーションでした。また、ある外食産業では自社レストランの食事券でした。（いずれも交通費は別途実費精算。）

もちろん、廊下で同僚を捕まえたり、展示会で来場者に声をかけたり、講習会の参加者に帰り際に協力してもらったりする場合はこの限りではありません。そんな場合ならば、ドリンク 1 杯、ノベルティ 1 個、図書券 1 枚でも喜ばれるかもしれません。

なお、これらの相場は“特別”な人には当てはまらないので注意が必要です。例えば、医師や弁護士を会場に呼んで数千円の謝礼を渡すのは、通常、極めて非常識です。彼らの報酬の相場を把握したうえで、それ相応の金額を検討すべきです。

②謝礼のタイミング

謝礼は「いつ」渡すのか――。テストを始める「前」か、テストが終わった「後」かのいずれかです。それぞれの“派閥”があって、それぞれ言い分があります。

- 「前派」の主張：テストを始める前に渡した方が、ユーザのモチベーション（協力しようという気持ち）が上がる。また、事務作業（契約書、謝礼、領収書など）をまとめて行えるので効率的である。
- 「後派」の主張：テストが終わってから謝礼を受け取った方が、ユーザは達成感がある。また、領収書に記名・捺印している間に、ユーザが「面白いこと」を言う可能性もある。

ユーザの立場からすれば、「前」でも「後」でも、約束どおりの謝礼が受け取れれば何も文句はありません。ただし、銀行振り込みなどの「後払い」はお薦めできません。学生時代のバイトでも、月払いや週払いよりも「日払い」の方が“ありがたみ”があったのではないでしょうか。**謝礼はその場でお渡ししましょう。**

なお、万一、ユーザがテストの途中で帰ってしまったとしても謝礼は約束通り支払います。ユーザは日雇い労働者ではありません。ユーザには任意の時点でテストを打ち切る権利があります。私（樽本）は相手から打ち切られた経験はありませんが、ユーザが体調を崩してやむなく打ち切った例はあります。もちろん、謝礼は全額お渡ししました。

③謝礼の功罪

調査協力者に金品の謝礼を渡すことに対して批判的な意見もあります。相手に“賄賂”を渡すと正直な回答が得られなくなるのではないかと心配しているのです。

ユーザビリティテストの場合、その心配は無用です。確かに、謝礼の有無や多寡でユーザの“声（意見）”は変わるかもしれませんが、ユーザの“行動”は変わりようがありません。ユーザの目前にどんなに札束を積んだところで、タスク達成率もタスク達成時間も変わりません。

そもそも調査や取材に謝礼は付き物です。犯罪ジャーナリストとして知られる丸山ゴンザレス氏曰く「スラムの沙汰もマネー次第」——お金ですべてを解決できる訳ではありませんが、**お金で解決できることはたくさんある**のです。

UXリサーチでは“裏社会の人”に会う訳ではありませんが、相手が一般人であっても「なぜ調査に協力するのか？」という問いに対して、「お金」は有力な解となります。もし謝礼がなければ、調査協力者の出現率は下がり、当日のドタキャン率は上がり、私たちのリサーチ活動は持続不可能になるでしょう。それが、1回あたり数万円（例えば数千円×5人分）で解決できるのです。使わない手はありません。

しかし、今、あなたが新製品の『**顧客開発**』に取り組んでいるのならば話は別です。

リーンスタートアップでは製品開発と平行して、その製品を買ってくれる「顧客」を見つける活動（＝顧客開発）を行います。そんな時に、謝礼を払って製品の購入意向や推奨意向を尋ねる——そんな調査を企画してはいけません。それでは本当に「顧客を買収」することになります。お金を払うべきなのは「あなた」ではなく「顧客」です。

でも、まだ製品が存在しないのでお金を払ってもらえない……。では、お金の代わりに「身銭」——メールアドレス提供、プロモーション動画視聴、仮予約、etc...——を切ってもらいましょう。本当にその製品が欲しければ、彼／彼女は必ず何らかの対価を払ってくれます。もし払わないとすれば、その人は「顧客」ではありません。

「ユーザ」に謝礼は必要、「カスタマー」に謝礼は不要——。「マネー」は正しく使いましょう。

顧客を買収

謝礼を払って製品の購入意向や推奨意向を尋ねてはいけない。

Chapter 3

設計ガイド

3-1
タスク設計

❶—ユーザビリティテストのタスク

ユーザビリティテストではユーザに何らかの作業課題＝『タスク（Task）』を実行してもらいます。例えば、オンラインショップで商品を購入してもらったり、会計ソフトを使って確定申告を行ってもらったり、スマホで撮った写真を加工してもらったりします。

〈タスクの例〉
- ペットの写真を投稿する【写真共有サービス】
- 終電の時刻を調べる【乗換案内アプリ】
- 眼鏡をバーチャル試着する【メガネアプリ】
- 送別会の会場を探して予約する【飲食店情報サイト】
- 3ヶ月間の体重の変化を確認する【ヘルスケアアプリ】

その一方、一見タスクのようで実はタスクではない**似非タスク**もあります。それは「動作」「機能」「ビジネスゴール」です。

「ボタンを押す」「メニューを選択する」といった**動作**はタスクではありません。それらはユーザの目的ではないからです。ユーザは「電源をつける（ためにボタンを押す）」「ニュース記事を読む（ためにメニューを選択する）」のです。

また、「ヘルプ」「グラフウィザード」などといった**機能**そのものもタスクではありません。ユーザは「○○の手順を調べる（ためにヘルプを利用する）」「支店別の営業実績のグラフを作成する（ためにグラフウィザードを利用する）」のです。

さらに、**ビジネスゴール**は必ずしもタスクではありません。例えば、不動産会社にとって自社ウェブサイトの主目的は「マンションの販売（ユーザにとっては“購入”）」ですが、タスクとして「マンションの購入」は適切ではありません。通常、不動産情報ウェブサイトに“購入ボタン”は付いていないからです。「気に入った物件の見学申し込み」のほうがタスクとしては適切でしょう。

ユーザビリティテストのタスク
ユーザに製品やサービスを使って作業課題を実行してもらう。

❷ — タスク設計の四原則

タスクはテスト結果を大きく左右します。「ユーザビリティテストはタスク設計がカギ」と言っても過言ではありません。適切なタスクを設計するための基本原則があります。

①主要なタスクに絞り込む

ユーザが製品を利用する目的は様々です。そのため、細かいバリエーションを含めると、想定されるタスクの数は数百に及んでしまうかもしれません。当然ながら、それらすべてをテストすることはできません。ユーザビリティテストでは主要なタスクだけに絞り込んでテストします。

②ユーザの視点で発想する

ユーザインタフェースの最も重要な役割とはユーザの目的達成をサポートすることです。タスクとはこの“ユーザの目的”のことです。ところが、開発チームはときどき、自分たちがユーザにやって欲しいと思っていること（動作・機能・ビジネスゴール）をタスクとして検討してしまうので注意が必要です。

③スタートとゴールを定義する

ユーザビリティテストの最大のチェックポイントは「ユーザがタスクを達成できるかどうか」です。そのためには“ゴール”が必要です。完了状態が定義されていないと、ユーザがタスクを達成したかどうかを判定できないからです。また、ゴールだけでなく開始状態の定義も必要です。開始地点が異なると、ユーザは全く違う経路を通ってゴールに到達してしまうかもしれないからです。ユーザには必ず事前に定義した開始状態（必ずしもホーム画面ではない）からタスクを始めてもらい、完了状態に到達したことでタスクを達成したと判定します。

④シナリオ化する

タスクの内容が適切であっても、唐突に「このサイトで店を探してください」などと言われるとユーザは戸惑ってしまいます。本当の利用場面ならば、ユーザ自身にその製品やサービスを利用する具体的な理由や目的がありますが、テストではそれはありません。動機がないと、ユーザは自発的に行動が起こせず、指示待ちの姿勢になってしまいます。そこで、仮の状況設定をしてタスクを物語風に脚色します。そうすることで、ユーザは自分自身の体験を思い起こしながら、より現実感を持って、能動的に製品と向き合うことができるようになります。

❸―タスクの作り方（基本編）

タスクは“設計”するものです。設計と言っても、その基本はとてもシンプルなもので、手順に従えば誰でも最低限のタスクは設計できます。ここではユースケースに基づく作り方を紹介します。

①ユースケースのリストアップ

まず、その製品やサービスを使ってユーザはどのようなことをするのか（ユースケース）をリストアップします。仮に、ある飲食店情報サイトの主なユースケースは以下のようになったとします（付箋紙を使ってワークフロー順にマッピングすると製品の全体像を把握しやすくなります）。

- 店を探す
  - 条件で検索する
  - 店舗情報を閲覧する
- 予約する
  - 予約を入れる
  - 予約を変更する
- クーポンを利用する
  - クーポンを入手する
  - クーポンを提示する
- 店を評価する
  - レーティングする
  - レビューを投稿する
- アカウントを管理する
  - アカウントを作成する
  - 登録内容を変更する
  - 利用ポイントを管理する

②ユースケースの選択

次に、テスト目的に適したユースケースを選びます。ここでは「店を探して、予約する／変更する」という最も基本的な利用体験を検証することにします。

- タスク１：店を探す
  - 条件で検索する
  - 店舗情報を閲覧する

- タスク 2：予約する
  - 予約を入れる
- タスク 3：予約を変更する
  - 予約を変更する

③シナリオの設定

選択したユースケースが成り立つような仮の状況（シナリオ）を設定します。

- 「（仮に）あなたの部署で送別会があるとします。今回、あなたが幹事を務めることになりました。部内で調整したところ日程は○月×日、人数は10 名くらいになりそうです。」

④タスク指示文の作成

ユーザにタスクを指示するための文章を作成します。

- タスク 1：「飲食店情報サイト X を使って送別会のお店を探してくださ

タスク設計ワークショップの様子

左上から時計回りに①ユースケースのリストアップ、②マッピングと選択、③シナリオ、④タスク指示文。

い。候補を3店舗くらい見つけてください。」

- タスク2：「A店に予約を入れてください。」
- タスク3：「参加人数が15名に増えそうです。予約を変更してください(場合によっては店舗を変更しても可)。」

ユースケース …Column

『ユースケース（Use Case）』とはユーザ*から見たシステムの外部機能のことです。要するに「そのシステムを使ってユーザは何をするのか（やりたいのか)」を表しています。

例えば、「預金者」にとっての銀行ATMのユースケースは「引き出し」「預け入れ」「振り込み」「通帳記入」「残高照会」等です。そして、各ユースケースには開始から完了までの基本的な操作フロー**も描かれます。

例：預金引き出しユースケース

1. ユーザは預金引き出しを要求する。
2. システムはIDを要求する。
3. ユーザはID（キャッシュカード）を提示（挿入）する。
4. システムは認証コードを要求する。
5. ユーザは認証コードを入力する。
6. システムは個人を認証し、引き出し金額を要求する。
7. ユーザは引き出し金額を入力する。
8. システムは引き出し金額（紙幣）を出金する。
9. ユーザは紙幣を受け取る。
10. システムは利用明細を発行する。
11. ユーザは利用明細を受け取る。
12. システムはキャッシュカードを返却する。
13. ユーザはキャッシュカードを受け取る。

これが「いったい何の役に立つのか？」と疑問を感じるかもしれません。確かに、ありふれた既存のATMに関するユースケースを眺めていても、実務上は何も得られるものはありません。

しかし、もし、“未知”のシステムを開発しようとしている場面だとすれば……。このようなユースケースを使って、自分たちがどんなシステムを作ろうとしているのか、その概要を明らかに――つまり「要件定義」――できるのです。(現代のアジャイル開発ではユースケースよりも『ユーザストーリー』が用いられることが多いです。)

なお、本書ではユースケースからタスクを作る方法を紹介していますが、「ユースケース＝タスク」という意味ではありません。タスクはユースケースの「インスタンス（実体／実例）」です。例えば、「預金引き出し」がユースケース、「2万円引き出す」のがインスタンス、「このATMを使って2万円引き出してください」がタスク指示文です。

＊正しくは「アクター」と言う。
＊＊正しくは「主成功シナリオ」と言う。タスクシナリオとは全く別物。

❹—タスクの作り方（応用編）

タスク設計の上達のコツは「数をこなす」ことです。また、タスク設計には職人技という面もあって、プロのUXリサーチャは自分の流儀を持っています。本格的にタスク設計ができるようになるには、かなりの経験を要します。ただ、事前に知っていればタスクの質をレベルアップできる“小技”がいくつかあります。

■捨てタスク

テスト設計者は各タスクによって何らかの問題を発見できることを期待しています。しかし、敢えて問題発見を期待しないタスクを設定することもあります。場合によっては、単に「メールを読む」だけのタスクもテスト進行のためには必要です。

■ワンタスク

ユーザビリティテストでは複数のタスクを設定することが多いです。しかし、タスクは「ひとつだけ」でも構いません。例えば、電力会社比較サイトのテストのタスクは実質的には「あなたのご家庭に合いそうな電力会社や料金プランを探してください」だけでした。そのウェブサイトの役割は「電力会社の料金プランの比較」に尽きるからです。タスクの数がテストの価値を表す訳ではありません。

■オープンなタスク

例えば、衣料品販売サイトのテストならば「フリースを１枚、Ｔシャツを２枚、ジーンズを１本購入してください」といったタスクが標準的です。しかし、「アウターからボトムスまでコーディネイトして、１万円以内で一通り揃えてください」といった、もっと「オープン」なタスクを作ることもできます。タスクの自由度が高いほうが、ユーザの本気度も上がります。なお、「フルオープン」のタスクならば「自宅で自由に買い物してもらう」ことになります（テスト参加者のリクルートが大変ですが）。

■有言実行

例えば、ネイルアプリのテストで「お気に入りのネイルを探してください」と唐突に指示されても、ユーザはイメージが湧かず適当に探してしまいます。そこで、まず「どんなデザインのネイルをしたいか」をインタビュー形式で自由に話してもらって、その後に「イメージにあったネイルを探す」という２段階構成のタスクにします。こうすれば、ユーザは「有言実行」せざるを得なくなります。

■制限時間

特定のタスクでテスト時間を使い切ってしまわないためには、「このタスク

オープンなタスク
事前に決められたタスクよりも、自由度の高いタスクのほうが本気度も上がる。

の制限時間は3分です」と提示します（制限時間を超えるとタスク未達と判定する場合もあります）。これが普通の使い方ですが、“逆”の使い方もあります。例えば、何かをなるべく“本気”で探してもらいたい場合は、「制限時間は15分です」などと提示して、タスク実行時間を長めに誘導します。そうしないと、ユーザが“気を利かせて”、タスクを早めに切り上げてしまうからです。

■サンプル

ユーザにタスク内容を正確に説明しようとすればするほど、“種明かし”のリスクも高まります。長々と言葉で指示するよりも、サンプルを見せた方が早くて正確な場合も少なくありません。例えば、カメラアプリでエフェクトをかけた写真を撮ってほしいのならば、まず自分（司会者）の「変顔写真」をユーザに送って、「あなたのも送って」と依頼します。グラフ作成アプリならば「こんなグラフを作って」と完成例を見せます。タスクは言葉だけで伝えるわけではありません。

■料理番組方式

テレビの料理番組を見ていると「冷蔵庫で一晩寝かせた食材」がタイミング良く出てきます。ユーザビリティテストでも事前に“仕込み”をしておいて、適宜ユーザに提供する方がよい場合があります。例えば、ブログサービスのテストならば「記事の原稿」は事前に用意しておいた方がよいでしょう。宅配サービスの注文は「1分後」に到着すれば話が早く進みます。無駄な「待ち時間」はなるべく減らしましょう。

■○○教室

パソコンを使ったことがない人向けのパソコンをテストする――そんなときはテスト会場で「パソコン教室」を開催します。まず1時間の初心者向け講座を受講してもらって、その後に（簡単な）タスクに取り組んでもらえば、初心者が陥りやすい問題点が把握できます。ユーザビリティテストの参加者は“初見”ですが“未経験”ではありません。「未経験者」は何もできないのでテストになりません。

タスクNG集 …Column

タスク設計で厄介なのは、間違ったタスクを設計しても気付かないことです。多少酷いタスクでもテストは一応完了します。しかし、そのようなテストでは十分な結果が得られなかったり、信憑性に問題があったり、場合によっては間違った結果を導き出してしまったりすることもあります。そんな不適切なタスクの例を紹介しておきましょう。

① 「しばらくの間、このウェブサイトを“自由”に使ってみてください」
——このタスクには“ゴール”がないので、ユーザはタスクを達成することはできません。つまり、これはユーザビリティテストではありません。もちろん、自由に使っている間にいくつかの問題点に遭遇するかもしれませんが、それではウェブサイト内に散らばった問題点がランダムに見つかるだけなので、問題の深刻度などは分析できません。

② 「今朝はいい天気です。今、あなたは、とても“清々しい気分”です。そんな気分にピッタリの……」
——司会者は“催眠術師”ではありません。こんなシナリオを提示したところで、ユーザを“その気”にさせることはできません。シナリオで定義するのは、「渋谷で友人と待ち合わせする」「オフィスで企画書を作成する」といった具体的な状況・場面のことです。そこに感情の定義は不要です。

③ 「（今、仮に）○○さんが食事をしていると、奥さんから『そういえばね、テレビでね、電気料金プランを変えることができるようになったって言ってたんだ。うちはどうする？　お隣の奥さんと話してたら、お隣はXXXXというサイトを使って調べてみたって言ってたんだけど、わたし、パソコンとか使うの苦手だから、あなた調べておいて』と言われたとします。」
——このシナリオは無駄に冗長です。もっと簡潔に（50字くらい）で状況を記述すれば十分です。タスクシナリオは“ドラマの脚本”ではありません。

④ 「店舗の“ロケーション”を調べてください」
——原則としてタスクでは製品のユーザインタフェース上で使用している用語を使ってはいけません。特に、ユーザが普段使わないような用語がユーザインタフェース上で使われている場合は要注意です。せっかく用語の有効性を検証できる機会なのに、“種明かし”してしまっては意味がありません。

⑤ 「タスク1：エフェクトを選んでください」「タスク2：写真を撮ってください」「タスク3：写真をトークに送ってください」
——この一連の指示文はタスク達成の手順を提示しています。これではテストではなくインストラクションです。タスクの原則は「ゴールは示す、手順は

示さない」――。この場合は、3つのタスクを1つに統合して「フレンドの○○さんに、あなたの“おもしろい顔”の写真を送ってください」とすればいいのです。

⑥ 「商品Aの説明を読んで、“興味があれば”購入してください」
――感情は曖昧なものです。仮に、テスト会場でユーザが「買いたい」と意思表示したとしても、家に帰ってから実際に購入するわけではありません。状況が変われば気分は変わるのです。それに「購入してください」という指示は、購入する方向に誘導しています。わずか数人のユーザから、そんな信憑性のないデータを集めたとしても何も結論は出せません。タスクとしては、単に「商品Aを購入してください」だけでいいのです。

3-2
テスト設計

❶―ユーザビリティテストの全体構成

ユーザビリティテストはタスクだけで構成されているわけではありません。情報開示禁止同意の締結や謝礼の支払いといった「事務処理」に加えて、ユーザの人物像を把握する「事前インタビュー」や、タスク終了後に感想や主観的評価を尋ねる「事後インタビュー」なども必要です。

例えば、**1時間のテストの全体構成と時間配分**はおおよそ以下のようになります。

1. イントロ（数分）：撮影同意、情報開示禁止同意の締結など
2. 事前インタビュー（5分～15分）：プロフィール、スキル、タスク関連体験など
3. 事前説明（数分）：思考発話の依頼、カメラ調整など
4. タスク実行観察（30分～45分）：タスクの提示と観察
5. 事後インタビュー（5分～10分）：感想、主観的評価、質疑応答など
6. エンディング（数分）：謝礼の支払い、お見送り

この中で、「イントロ」「事前説明」「エンディング」は同じ内容を使いまわすことが多いので、テスト毎に設計するのは「事前インタビュー」「タスク」「事後インタビュー」ということになります。

なお、テスト目的やテスト設計者の好みによってテストの全体構成は多少異なります。例えば、最初に謝礼を支払って事務処理関係の作業をひとまとめに終えてしまう場合もあれば、イントロと事前説明を連続して行う場合もあれば、タスク実行観察で1つのタスクを完了する度に感想や主観的評価を尋ねる場合もあります。

❷―事前／事後インタビュー

タスク設計が終わったら、次は事前／事後インタビューを設計します。ユーザビリティテストは「タスク設計がカギ」ではありますが、事前／事後インタビューにもそれぞれ重要な役割があります。インタビューも丁寧に設計しましょう。

◎事前インタビュー

ユーザビリティテストでは“生身”の人間の言動を観察します。彼／彼女が「どんな人物」なのかを事前に把握することは、その後の言動を理解するうえで大いに役立つのは言うまでもありません。例えば、そのユーザの職業が「営業マン」なのか「エンジニア」なのかは、デジタル製品の使用に影響を与えるのは明らかです。事前インタビューではユーザの人物像や、タスクに関連した体験などについて質問します。

〈質問項目例〉

- プロフィール：職業、家族構成、勤務地／居住地など
- IT スキル：パソコン歴、スマホ歴など
- タスク関連体験：普段の生活、業務内容、過去の利用体験など

なお、人物像の把握に加え、事前インタビューにはもう 1 つの重要な役割があります。それは「**信頼関係構築（ラポール）**」です。例えば、テスト会場に入っていきなり司会者から「送別会の会場を探してください」と指示を受けたとすれば、ユーザは面食らうことでしょう。一方、まず「仕事」や「職場イベント」に関するインタビューに応じてから、同じ指示を受けたとすれば、彼／彼女はもっとスムースにタスクに取り組めるでしょう。

ただし、ユーザビリティテストの中核はやはりタスク実行観察であることをお忘れなく。事前インタビューで貴重なテスト時間を浪費してしまっては本末転倒です。そのため、事前インタビューの質問数は 3〜5 問、時間にして 5〜

15分程度のボリュームに抑えましょう。

◎事後インタビュー

タスク実行観察後のインタビューでは、まずユーザに**率直な感想**を話してもらいます。タスク実行を通じて、ユーザの心の中には良い体験と悪い体験の両方が蓄積されています。タスク終了後にそれを率直に表現してもらえば、その製品への評価は自ずと明らかになります。ですから、「良い点（または悪い点）」から話すように指示したとすれば、それはちょっと“誘導”した質問ということになります。まずはニュートラルな姿勢で問いかけましょう。

次に**主観的評価**を把握します。代表的な方法としては以下のようなものがあります。

- 「満足度」を評定尺度（5段階評価など）で回答してもらう。
- 「再利用意向」を評定尺度（5段階評価など）で回答してもらう。
- 「推奨度」をNPS®（ネット・プロモーター・スコア）*で回答してもらう。

推奨度
NPS®（ネット・プロモーター・スコア）は0から10の11段階で回答する。

---

*ネット・プロモーター、ネット・プロモーター・システム、NPS、そしてNPS関連で使用されている顔文字は、ベイン・アンド・カンパニー、フレッド・ライクヘルド、サトメトリックス・システムズの登録商標またはサービスマークです。

なお、スコアで回答を得たとしても、「この製品の平均満足度は3.8である」といった量的（定量的）な総合評価を下してはいけません。わずか5人分のデータから平均値を算出したとしても、統計的な信頼度が低すぎるからです。それよりも、なぜ「満足度3」と回答したのか、その理由をユーザに尋ねれば、もっと価値のある発言データが得られます。

最後に**見学者からの質問**を受け付けます。チャットツールなどで受け付けて、司会者がその中から取捨選択してユーザに回答を求めます。なお、ユーザビリティテストは「意見を聞くよりも行動を見る」ことが主体なので、テストが正しく設計・実施されていれば、見学者から質問はあまり出ないのが普通です。

❸—インタビューガイド

ユーザビリティテストの主な構成要素を設計したら、それらを取りまとめて『インタビューガイド』を作成します。インタビューガイドはユーザビリティテストの“台本”です。インタビューガイドには、ユーザの入室から退室までの流れ、質問やタスクの提示順序、時間配分、そして司会者が話す内容がすべて記載されています。司会者はインタビューガイドを参照しながら、原則として**その通りにテストを進行**します。

以下はインタビューガイドの実例（アプリ名は伏字）です。テスト対象製品はスーパーやドラッグストアのチラシ情報を配信するスマホアプリで、テスト時間は約40分間*です。なお、ここでは「イントロ」「事前説明」「エンディング」の具体的な内容は省略していますが、Chapter 4でこのインタビューガイドに基づいた司会例を紹介しています。

---

*このテストはセミナー会場で行うデモンストレーション用なので、テスト時間は短めに設計しています。実際のテストは1時間以上のものが多いです。

チラシアプリに関するインタビュー

①**イントロ**（数分）
・挨拶とインタビュー目的
・撮影同意書と情報開示禁止同意書

※録画開始※

②**事前インタビュー**（5 分）
「最初に、少しお話をうかがわせてください。」

問 1：「○○さんのことについてうかがいます。」
・「お住まいはどちらですか？」
・「同居されているご家族はいらっしゃいますか？」
・「○○さんはお仕事をなさっていますか？　どんなお仕事をなさっていますか？」

問 2：「次に普段の買い物についておうかがいします。」
・「○○さんは普段、食品や日用品をどんなお店で購入していますか？（店名など具体的に）」
・「それぞれのお店には、どれくらいの頻度で行きますか？」

問 3：「『チラシ』はご利用になっていますか？　何のためにチラシを見るのですか？」

問 4：「○○さんはスマホ用のチラシアプリはご存知ですか？　これまでに、そういったアプリについて聞いたことや、使ったことはありますか？」

③**事前説明**（数分）
・思考発話の依頼など
・カメラの調整

④**タスク実行観察**（20 分以内）
〈シナリオ〉
「（今、仮に）最近、○○さんは新聞を取るのを止めたので、スーパーやドラッグストアなどの折り込みチラシが手に入りにくくなって少し不便を感じていました。そんな時に『お店のチラシがスマホに届く！　XXXX』というスマホ用のアプリがあることを知って、早速自分の端末にインストールしてみました。」

タスク 1：
「アプリを起動して、近くのお店のチラシが届くようにしてください。」

※なるべく実際の自宅周辺
※実際によく利用しているお店をなるべく3店舗くらい

タスク2：
「チラシを見てください。なるべく普段（または以前）紙のチラシを利用するのと同じように利用してください。」

タスク3：
「お気に入り店舗を入れ替えてください。今のお気に入り店舗から1店を削除して、新しく1店追加してください。」

タスク4：
「（今、仮に）少し体調が優れないので医薬品（風邪薬など）を買いに行くことにします。ここ（会議室）から一番近いドラッグストアを探して、場所を確認してください。」

⑤**事後インタビュー**（5〜10分）
感想：
・「今日は『XXXX』をご利用いただきましたが、今の率直な感想をお知らせください」

満足度：
・「今日の体験を総合的に判断すると、○○さんのこのアプリに対する評価はどれくらいですか。App store/Google Play と同様に『星の数（最大5つ）』でお答えください。」
・「その理由は？」

再利用意向：
・「○○さんは、このインタビューが終わってから、このアプリをどうしようと思いますか？〈引き続き利用する｜いちおう残しておく｜すぐに削除する〉」
・「その理由は？」

質疑応答（※見学者から質問がなければ省略）：
・「見学者の皆さんからいくつか質問が寄せられています。」

⑥**エンディング**（数分）
・謝礼
・お見送り

※録画停止※

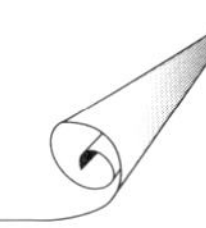

❹ 実査ツール

テストを実施するためには、インタビューガイド以外にも様々な準備が必要です。

◎仕込み

ユーザは何も準備をせずに来場します。そのため、ユーザがタスクを実行する上で必要な情報や環境は、すべて事前にテスト設計者側で用意しておかないとテストをスムースに進行できません。

例えば、

- フォーム入力タスクには**ダミーの個人情報**が必要です。ユーザ本人の“生”の個人情報を扱うのであれば、見学も録画もできなくなります（個人情報保護のため）。
- 商品購入タスクには**本物のクレジットカード**が必要です。ただし、ユーザ本人のカード使用は拒否される可能性が高いので、事前に総務部から拝借しておきましょう。
- レビュー投稿タスクには**ダミーの店舗**（店舗ページ）が必要です。実在の店舗に対して“偽”レビューを投稿するのは迷惑行為です。
- 写真撮影タスクには**被写体**が必要です。有り合わせの被写体（机の上にある飲みかけのペットボトルなど）を使うとユーザのモチベーションが大いに下がります。
- メッセージ送受信タスクには**“相手”**が必要です。相手役となるスタッフを手配して、ユーザとどんなメッセージのやり取りをするのか、事前に筋書きも設計します。

その他にも、商品の写真やパンフレットを用意したり、申し込んでもらうサービスの概要を説明するイラストを準備したり、投稿用の適切な例文を事前に作成したりします。

◎情報提示カード

シナリオとタスクは口頭で伝えるだけでなく、同時に文字でも提示した方が確実に内容が伝わります。事後インタビューの主観的評価やタスクに関連した情報なども同じです。例えば、前掲の「チラシアプリに関するインタビュー」ならば、以下のような７枚（表紙を加えれば８枚）の情報提示カードを用意するとよいでしょう。

- シナリオカード：１枚
- タスクカード：４枚
- 主観的評価カード：２枚（満足度、再利用意向）

これらは印刷して紙で提示しても、スライドとしてPC画面で提示しても構いません。いずれにしても、必ず**１情報１カードで提示**します。特に、タスクを箇条書きにしてはいけません。箇条書きにすると、最初のタスクの段階でテストの全体像を提示することになって、ユーザに無用なヒントを与えてしま

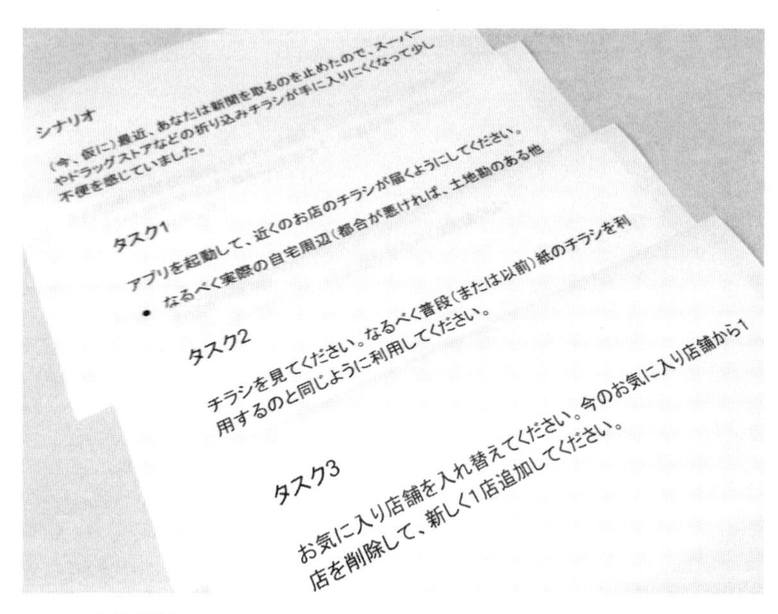

情報提示カード
シナリオやタスクなどの重要な情報はカード形式で提示する。

うからです。また、テスト進行に合わせて臨機応変にカードを利用するために、“ホッチキス止め”はしないようにしましょう。

◎初期化手順書

ユーザビリティテストでは各ユーザに同じ環境でテストを受けてもらうために、**セッションが終わる度に同じ状態に戻す**（初期化）作業を行います。もし、前のユーザの作業の痕跡が残っていると、2人目以降のユーザのタスク達成に影響を与えてしまいます。

特に、テスト用機材を使いまわす場合は要注意です。

- チュートリアルは初回起動時のみ表示されるので、2人目以降のユーザはチュートリアルなしでアプリを使うことになってしまいます。
- クラウド上の写真アルバムに「書いた覚えのない」コメントが残っていると、2人目以降のユーザは混乱するかもしれません。
- 前のユーザが試行錯誤した検索履歴をたどれば、2人目以降のユーザは簡単に情報を見つけられます。
- 段ボール製3Dメガネに正しく折り目がついていれば、2人目以降のユーザは音声ガイドのサポートがなくても組み立てられます。

このようなトラブルが起きないように、テスト設計時には**テスト環境の初期化方法についても入念に検討**して、その作業手順を書き出しておきます。初期化の作業はセッション間の短いインターバルに行うことが多いので、記憶に頼っていると手順の抜けや作業ミスを起こしがちです。必ず文書化して、その通りに作業しましょう。

テスト用端末 ...Column

従来、ユーザビリティテストの参加者（ユーザ）は「手ぶら」が当たり前でした。ユーザには、テスト会場側で準備したパソコンや携帯電話（ガラケー）を使ってタスクを実行してもらうことが多かったからです。しかし、スマホ時代のテストは異なります。原則としてユーザ本人の端末を使ってもらいます。

理由は簡単――（会場で用意する端末は）ユーザには使いづらいからです。たとえ同じメーカー製であっても、他人の端末は、ホーム画面も、アプリも、文字入力も、ジェスチャー操作も、ソーシャルログインも、いつもと同じようにはいきません。その“ちょっとした違い”が操作ミスや不満につながるのです。これでは正当な評価を行ったとは言えません。

ただし、ユーザ本人の端末は「個人情報の塊」でもあります。メールボックスには業務上の極秘メールが来ているかもしれませんし、カメラロールには非常にプライベートな内容の画像が入っているかもしれません。それらをユーザが“うっかり”表示してしまわないように、慎重にテストを設計しましょう。例えば、登録完了メールを確認する際には、ビデオカメラの“外”に端末を動かすように指示したり、カメラロールを表示する必要がある場合は、事前に20枚くらい写真を撮ってもらうようにしたりします。

❺―パイロットテスト

どんなに綿密にテスト設計を行っても、実際にテストを行うと予想外の事態が発生します。もちろん、ユーザの行動が予想外なのは織り込み済みですが、インタビューガイドや仕込みに問題が見つかることも少なくありません。そこで、事前に『パイロットテスト』を行います。

パイロットテストはインタビューの練習やテストの予行演習ではありません。パイロットテストの目的は「**テストをテストする**」ことです。そのためには、パイロットテストはインタビューガイドや実査ツールを修正できるタイミング（実査の1～2日前）で行います。

パイロットテストの参加者は会社の同僚です。インタビューガイドと実査ツールは本番と同じものを使います。そして、本番と同じ手順と時間配分でインタビューを最初から最後まで行います。ユーザ役の同僚には、事前インタビューにも回答してもらいますし、タスクもすべて実行してもらいます。ただし、同僚の回答内容やタスクの達成状況には関心はありません。このテストの目的は、製品の問題点を見つけることではなく、「テストの問題点」を見つけることだからです。

- まず確認するのは、**タスクの指示文や情報提示カードの内容**が正しく伝わっているかどうかです。同僚が指示文の意味を誤解したり、意味が分からず聞き直してきたりした箇所があれば修正を検討します。
- **タスク達成時間**も測って、想定時間内にテストを完了できそうかどうかを確認します。同僚がかなり悪戦苦闘した場合は、本番でも同じくらいの時間がかかると想定できます。同僚がスムースにタスクを達成した場合は、実際のユーザならば、その1.5～2倍の時間がかかると想定します。
- また、タスクの指示文や情報提示カードに**不用意なヒント**が含まれていないかどうかも確認します。同僚が、あまりにも簡単にタスクを完了した場合は要注意です。実際、私（樽本）が作った情報提示カードのデータの並びが、テストする製品のユーザインタフェース上の項目の並びと全く同じであったために、同僚はほとんど画面を見ないで、カードだけ見て入力を完了するという場面に遭遇したことがあります。

パイロットテストで発見した「テストの問題点」を踏まえて、インタビューガイドや情報提示カードの内容を修正したり、時間配分を調整したりして「テストを再設計」します。そして、（さらに別の同僚に協力してもらって）もう1度パイロットテストを行って、再設計の内容に問題がないことを確認します。

なお、**パイロットテストは絶対に省略してはいけません**。パイロットテストを省略した場合、テスト本番の1人目と2人目のセッションが事実上のパイロットテストになってしまいます。結局、テストが無駄になるだけです。

章末 Column

UX ラボ原論

①ユーザビリティテストの会場

社内のミーティングスペースから専用会場まで、ユーザビリティテストは様々な場所で実施できます。ただし、満たすべき要件が 3 つあります。

- **集中できる**：ユーザがタスクに集中して取り組める場所であるべきです。人の出入りがあったり、隣室から話し声や笑い声が聞こえてきたり、突然電話が鳴ったりする場所は適していません。
- **録画できる**：ユーザの発話と行動を記録できる設備を備えているべきです。一昔前は高価でかさばる専用の機材が必要でしたが、現在ではノートパソコンとウェブカメラ程度で事足ります。
- **見学できる**：社内のプロジェクト関係者が気軽に立ち寄って見学できるような場所であるべきです。

ユーザビリティテストの会場として最も優れているのは専用会場＝『UX ラボ』（『ユーザビリティラボ』とも言う）です。ユーザが「実験室」でタスクを実行する様子を、「マジックミラー」で仕切られた「観察室」から見学できるようになっています。

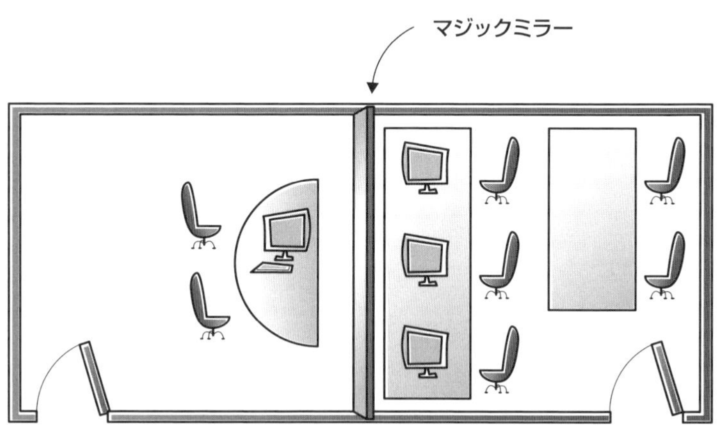

標準的な UX／ユーザビリティラボ
実験室と観察室はマジックミラーで仕切られている。

マーケティングリサーチでよく利用する『**グループインタビュールーム**』でもテストを実施できます。グルインルームにもマジックミラーや録音設備といった基本的な設備がありますし、UXラボに比べて施設の数が圧倒的に多いという利点もあります。ただ、ユーザビリティテストを行う場合にはさらに機材が必要なので、それらを自前で用意して持ち込むことになります。

UXラボであれ、グルインルームであれ、何らかの既存会場を使える当てがあるのならば、まずはそれを活用しましょう。しかし、「会場がないからテストができない」という言い訳だけはやめておきましょう。

ユーザビリティラボを使った実査
［左］実験室の様子。［右］観察室の様子。

②即席ラボの作り方

常設の社内UXラボは意外と利用頻度が低くて費用対効果に優れませんし、外部のグループインタビュールームを予約していちいち機材を持ち込むのは面倒です。そのため、現実に最も広く行われているのは、**社内の会議室を即席でラボに仕立ててテストを実施すること**です。

“即席”とはいうものの、ユーザビリティテストの本家本元であるヤコブ・ニールセン率いるニールセン・ノーマン・グループから今を時めくシリコンバレーのネット企業まで、世界中の実務家がこれと類似した方法を活用しています。

◎部屋

ユーザビリティテストを実施するには「3部屋」必要です。それは「実験室」「観察室」「控室」です。

- **実験室**：司会者とユーザが入って

テストを行い、その様子を撮影・録画するためのカメラやマイク等の機材が備わっている部屋です。

- **観察室**：複数の見学者がユーザの言動を観察する部屋です。なお、ユーザ側からは見学者の存在は分かりません。
- **控室**：ユーザが出番まで待つ"楽屋"です。待っている間にNDAに署名してもらったり、事前アンケートに回答してもらったり、「発話」の事前練習をしてもらったりすることもあります。

原則として、これら3部屋は相互に"隔離"します。なぜならば、もし、観察室の音が実験室に漏れると音響機器が「ハウリング」を起こしますし、控室から実験室の様子が丸見えだと、ユーザがテスト内容を事前に見聞きしてテストが台無しになってしまいます。そのため、3部屋はなるべく離れた場所に配置するほうが無難です。

ところで、そもそも「3部屋」用意できない場合は、どうすればいい？――心配ご無用。

ちゃんとした部屋でなくても、その役割を果たすスペースがあればそれで十分です。例えば、テストをリモート配信するのならば「各自の机（自宅でも可）」が観察室になります。テスト会場の近くにある喫茶店やカフェは控室になります。ただし、安価な貸し会議室でも構わないので、実験室だけは必ず1部屋用意してください。

◎機材

スマホアプリのユーザビリティテストを実施するには以下のような「機材」が必要です。ただ、ほとんどの「機材」は既に社内にあると思います。

- **ビデオ会議システム**：Cisco Webex、Microsoft Teams、Google Meet、Zoom、Skype……。今使っているツールでOKです。なお、これらの製品の多くは録画機能も提供してくれています。
- **書画カメラ**：ユーザの手元を撮影するカメラです。専用の書画カメラは少し高価（数万円～10数万円）なので、比較的安価（1万円～2万円）なUSB書画カメラを購入するか、ウェブカメラで自作するかしましょう。
- **マイク**：書画カメラ（ウェブカメラ）の内蔵マイクでも構いませんが、ビデオ会議用スピーカーフォン等があれば尚可。
- **ノートパソコン**：テスト映像を送受信するので最低2台必要です。もし、大人数で見学するのならば、観察室に液晶プロジェクター（または大型ディスプレイ）とスピーカーも欲しいです。

一部の人は「スマホの画面を見たいのならば"ミラーリング"すれば？」と思うかもしれません。しかし、手で

直接操作する製品の場合、画面上の変化だけを観察・記録しても正確な分析は行えません。よく「目は口ほどに物を言う」といいますが、ユーザビリティテストの場合は**「手は口ほどに物を言う」**のです。画面と手（指先）の両方の動きを撮影・記録する必要があります。ですから、スマホアプリのテストに書画カメラは必須です（なお、万一の場合は「**PC をハグ**」するという代替策もあります）。

◎設置

それぞれの部屋に機材を設置すれば簡易ラボの完成です。あとはビデオ会

USB 書画カメラの例
「IPEVO Ziggi-HD」

手作り書画カメラの例
ウェブカメラ＋フレキシブルアーム

PC をハグする
ノート PC の内蔵カメラでユーザの手元を撮影する方法（書画カメラがない場合の代替策）。

議システムで2台のノートパソコンを接続すればテストは開始可能となります。

- 実験室：ノートパソコン＋書画カメラ＋マイク
- 観察室：ノートパソコン（＋プロジェクタ＋スピーカー）
- 控室：特になし

実験室の設営時に特に気を付けるべきことが1点あります。それは「天井ライト（蛍光灯）」です。観察中に**スマホの画面に蛍光灯が映り込むと非常に邪魔**です。対策としては、まず「書画カメラの位置」を調整します。それでも映り込むようならば「蛍光灯を外す」、または「蛍光灯にカバーをかける」ことを検討します。

なお、書画カメラとは別に、実験室の**全体を撮影するカメラがあると便利**です。タスク実行観察時以外は、書画カメラにはずっと“机”が映っているだけです。そのためイントロやインタビューの間、見学者は“音声”だけを頼りに見学することになります。そこでイントロからエンディングまで、実験室で「今、何をしているのか」が分かる映像があれば随分と参考になります。部屋の隅にもう1台ノートパソコンを置いてその内蔵カメラを使っても構いませんし、小型の三脚にスマホを取り付けて設置しても構いません。ただし、“正面”からの映像はユーザの個人情報漏洩につながる可能性があるので、カメラの位置には気を付けてください。

即席ラボの例
［左］実験室の様子。［右］観察室の様子。

マジックミラーの神話 ...Column

マジックミラーで仕切られた真っ暗な“隠し部屋”（観察室）の中で、何人もの関係者が真剣な眼差しでユーザの行動を観察している――UXラボ（ユーザビリティラボ）の典型的なイメージかもしれません。

そういったマジックミラー付きのラボには、かなりの施工費（一説には1千万円前後）と維持費（家賃など）がかかります。そのコストを正当化する最大の根拠は「ユーザの自然な言動を観察する」ことでした。

まるでオフィスの1室や自宅のリビングのような環境で、ユーザに普段と同じように作業してもらって、その様子を横の部屋から“こっそり”観察することで、様々な発見が得られる。そのためにはマジックミラーが必須である――とされてきたのです（部屋の隅には“観葉植物”を置くのも忘れずに）。

残念ながら、それは「嘘」です。ユーザとして「実験室」に入ってみればすぐ分かります、その「不自然さ」が。

壁一面が鏡張りの部屋……。それがマジックミラー付きラボの実態です。当然、ユーザは分かっています、その鏡の向こう側には人がいることを。そして、それを分かったうえで、（なるべく）自然に振る舞おうと協力してくれるのです。これは全く自然ではありません。

この「不自然な自然さ」を維持するために、コストに加えて、見学者の忍耐も求められます。マジックミラーで隔てられた観察室内は「照明禁止」「騒音禁止」です。つまり、見学者は真っ暗な部屋の中で黙って観察することになります。すると当然ながら“眠く”なります。そうするとユーザの言動を見逃すことになります。

つまり、高価なマジックミラー付きラボは、ユーザビリティテストの「自然さ」にも「観察」にもまったく貢献しません。

では、どうすればいいのか――。1つの部屋をマジックミラーで仕切るのではなく、独立した2つの部屋を用意しましょう。実験室には複数のカメラを設置します。観察室には大型のディスプレイを設置します。そして、ビデオミキサーを使って、複数カメラの映像を合成したり切り替えたりしながらテストを見学します。

このタイプのUXラボならば「照明」や「騒音」の心配をする必要はありません。ユーザに気兼ねすることなく、みんなでワイワイ見学できます。そして、気付いた点を付箋紙に書いて壁に貼りだして、セッションが終わったら、その場で分析と改善案の検討に入ります。これが現代のUXラボです。暗闇と静寂に包まれたラボは過去の遺物です。

Chapter

実査ガイド

4-1 実録ユーザビリティテスト

調査やテストを実施することを『実査』といいます。**ユーザビリティテストの実査**は「①受付」「②イントロ」「③事前インタビュー」「④事前説明」「⑤タスク実行観察」「⑥事後インタビュー」「⑦エンディング」という順番で進行します。ここでは､「チラシアプリ」の実査の様子を“実録風”に紹介しましょう。

❶—受付

(ユーザ【30代女性】が受付に到着する。)

〇〇さんですね！　初めまして、私（司会者）はXXと申します。今日はお越しいただきありがとうございます。こちらへどうぞ。

(ユーザを控室に案内して席を勧める。)

良かったら何かお飲みになりませんか？　冷たいものと温かいものがあります

が、どちらがお好みですか？

（ユーザに飲物を提供する。）

　インタビュー開始まで、もう少しここでお待ちください。

（司会者は控室を離れる。）

ユーザには、テスト開始時間の10分くらい前に来てもらうようアポイント時に依頼していますし、もう少し早めに来てくれることが多いです。ユーザが到着すると、飲み物を出して、控室で開始時刻まで待ってもらいます。

こういった受付作業は他のスタッフに任せても構わないのですが、私（樽本）はなるべく自分でやるようにしています。それは「**信頼関係構築（ラポール）**」を早く始めたいからです。

誰でも初対面は緊張します。それは、ユーザも司会者も同じです。実験室内で初対面するよりも、いったん受付で顔を会わせておいた方が、当然ながらお互い緊張がほぐれます。受付をして、控室の席に案内して、飲み物の希望を聞いて、飲み物を出すという、簡単な“おもてなし”の行為を通じて事前にコミュニケーションしておけば、その後のインタビューをよりスムースに進められます。

なお、既存のアプリをテストする場合は、この待ち時間を使って、**ユーザの端末にアプリをインストールしてもらう**と効率的です。

1. テスト対象アプリを提示してApp StoreやGoogle Playからインストールしてもらう。
2. インストールが完了したら、念のためアプリアイコンを確認させてもらう。
3. テスト開始まで「アプリを起動しない」ように念を押す。

❷ —イントロ

お待たせしました。では、こちらにお越しください。

（ユーザを実験室に案内する。）

こちらの席にお掛けください。

（司会者も席に着く。なお、司会補助者はユーザ入室前から席に着いている。）

私はXXと申します。今日のインタビューの案内役を務めさせていただきます。こちら（司会補助者）は一緒に案内役を務める△△です。

今日は、○○さんにスマホアプリの使い勝手やデザインなどについてインタビューさせていただくために、お越しいただきました。

今回のインタビューでは、○○さんの意見をありのまま記録するために、発言を収録させていただきます。収録させていただくのは、音声とスマホの操作画面です。そして収録させていただいた映像は、分析目的以外は、開示・利用することはありません。厳重に管理することをお約束いたします。また、別室にてスタッフや関係者が、このインタビューの様子を見学させていただいておりますので、ご了承ください。それから、○○さんが今日、ここでご覧いただいた内容について、他の方にはお話にならないこともお約束いただきたいと思います。

では、ご面倒ですが、こちらの書類に記名、捺印をお願いいたします。

（撮影同意書と情報開示禁止同意書をユーザに提示する。）

（記名・捺印済みの同意書 2 枚を受け取って保管する。）

ありがとうございます。では、ここから録画を開始させていただきます。

（録画ボタンを押す。）

予定の時刻になると、ユーザを実験室に案内して、所定の席に座ってもらいます。司会者はユーザの隣（左右どちらでも可）に座ります。（なお、パソコンを使ったテストの場合はユーザの利き手側に座ると、マウスをユーザと共有して使用できるので好都合です。）

司会者は自己紹介（受付時に面談していれば省略可）して、インタビューの目的を簡潔に伝えた後、ユーザと 2 種類の契約書*を交わします。まず「**撮影同意書**」を締結します。これは個人情報保護のための重要な手続きです。司会者の他に（観察室に）見学者がいること、テストの様子を記録すること、その記録の使用目的を伝えて、書類に記名・捺印してもらいます。

次に「**情報開示禁止同意書（NDA）**」を締結します。テストでは、プロトタイプやデザイン案など機密性の高い情報をユーザに提示することがあるので、テスト中に見聞きした内容について、第三者に無闇に（SNS などで）公開しないという約束を取り付けます。

そして、**同意書を受け取ってから録画を開始します**。ただ、テスト進行に気を取られていると録画ボタンを押し忘れることがあるので、インタビューガイ

＊同意書は正規の契約書類なので、その具体的な内容については法務部門や法律事務所に相談することをお薦めします。

ドに「録画開始」と大きく書いておいたり、司会補助者が注意を促したりするとよいでしょう。

❸―事前インタビュー

司会者	ユーザ【30代女性】
最初に、少しお話をうかがわせてください。まず、○○さんのことについてうかがいます。お住まいはどちらですか？	
	横浜のX区です。
同居されているご家族はいらっしゃいますか？	
	はい、夫と2人です。
○○さんはお仕事をなさっていますか？　どんなお仕事をなさっていますか？	
	貿易会社の正社員です。経理関係の仕事をしています。
次に普段の買い物についておうかがいします。○○さんは普段、食品や日用品をどんなお店で購入していますか？	
	駅前にあるスーパーです。

何というスーパーですか？	
	スーパーAです。
他によく行くお店はありますか？	
	駅の反対側にあるスーパーBもときどき行きます。Bはちょっと高級志向の店です。それから、その隣にあるC薬局も行きます。最近のドラッグストアは薬や洗剤のほかに食品もあるので。
それぞれのお店には、どれくらいの頻度で行きますか？	
	スーパーAは週3回くらい。C薬局は週1回か2回くらいで、スーパーBは週1回行くか行かないかくらいです。
「チラシ」はご利用になっていますか？	
	ええ、チラシは見ます。ただ、ウチはもう新聞を取っていないので、店に行ったときに店の中に貼り出してあるのを見るだけですが。
何のためにチラシを見るのですか？	
	チラシにはその店が自信をもった品物を載せていると思うので、「今日のお奨めは何かな？」という感じで見てます。ただ、月曜は卵、水曜は冷凍食品とか、曜日でお買い得品はだいたい決まっているんですけどね。チラシは「いちおう念のために」という感じです。
ところで、○○さんはスマホ用のチラシアプリはご存知ですか？　これまでに、そういったアプリについて聞いたことや、使ったことはありますか？	
	いいえ。今日、初めて聞きました。でも、スーパーのチラシって（紙のサイズが）大きいですよね。スマホの画面でちゃんと読めるのかなと思いました。

事前インタビューの目的の半分は「**信頼関係構築（ラポール）**」です。司会者と気軽に会話することでユーザの緊張をほぐし、なるべく平常心でその後のタスクに取り組んでもらうのです。

そこで、まず家族構成や職業といったユーザ本人に関する簡単な質問から始めます。その後、タスクと関連のある質問を行います。上記の場合は、テスト対象がチラシアプリなので、「買い物」→「チラシ」→「チラシアプリ」といった順番で質問しています。

なお、テストによっては、事前インタビューの中でタスクの一部をユーザ自身に定義してもらうことがあります。例えば、求人情報アプリをテストするのならば、事前インタビューの中でユーザに「どんな仕事を探しているのか／いたのか」を話してもらいます。そして、タスク実行観察時に「さきほどの条件に合った求人情報をこのアプリを使って探してください」と指示するのです。

❹—事前説明（カメラ調整含む）

では、これから実際にスマホを操作してアプリを使っていただきます。〇〇さんには、普段、お使いになるのと同じような気持ちで操作を行っていただきたいと思います。

今日、私たちがテストするのはアプリそのものであって、決して〇〇さんではありません。ですから、もし操作を失敗しても、気になさらないでください。

それから、できれば、スマホを操作しながら、思ったことを口に出していただけると、とても参考になります。しゃべりながらスマホを使ってみてください。特に、これから何をしようとしているのか、なぜそうしようと思うのか、を私に教えてください。

インタビューの途中でご質問いただいても結構ですが、今日はユーザの方がお1人で操作なさるときに、どのように振舞われるのかに興味を持っておりますので、その場では質問にお答えできないかもしれません。それは決して、○○さんの質問を無視したり、話を聞いていなかったりしたわけではありません。事前にご了承ください。

タスクに入る前に、ユーザにぜひ理解しておいて欲しい点について説明します。ユーザに伝えるべきポイントは以下の3つです。

- **"あなた" をテストしているのではない。**

  ユーザは、この後、まさか自分がタスクに悪戦苦闘することになるとは想像していません。失敗を自分の責任だと誤解すると、居心地が悪くなってテストに非協力的になってしまいます。失敗したときの心構えを事前に伝えておくとショックが（少し）和らぎます。

- **操作しながら思ったことを口に出して欲しい。**

  これが「思考発話」の依頼です。説明すると、ほとんどのユーザは "頭" では理解してくれますが、実際にタスクを始めると、なかなか発話が出てこないのが普通です。

- **質問には答えられない。**

  思考発話することと質問することを混同して、操作上の疑問点を司会者に質問するユーザがいます。しかし、ユーザビリティテストでは操作に関わるすべての判断はユーザ自身が行わないと意味がありません。つまり、ユーザからの質問には、ほとんど答えられないのです。この点は事前に通告しておかないと、テストの途中でユーザに不愉快な思いをさせてしまいます。

教科書的には、もう1つ「**司会者は開発者ではない**」という通知をすることになっています。つまり「私（司会者）はこの製品の開発者ではないので、製品を批判されても全然傷つきません。製品に悪い点があれば、遠慮せずに指摘してください」といった口上です。ただ、こう言われて「はい、そうですか」と本気にする "大人" のユーザは滅多にいません。その一方、観察室で見学している "本当" の開発者は、（味方であるはずの）司会者が製品への悪口を誘導するかのような発言をするのを目の当たりにして、少し傷つきます。それ故、私（樽本）は事前説明に加えていません。

なお、こういったタスク実行に関する事前説明をイントロの中で行ってしまうという方法もあります。ただ、イントロからタスクに入るまでには事前インタビューを挟むので、ちょっと時間が経ってしまって、ユーザは内容をあまり覚えていません。タスクの直前に説明した方が効果的だと思います。

> カメラの位置を調整します。普段と同じようにスマホを手に持って、カメラの真下に来るようにしてください。
>
> （端末の映像をモニター画面で確認する。）
>
> スマホの画面がちょっと明るい／暗いようです。もう少し暗く／明るくしていただけますか。
>
> （輝度をモニター画面で確認する。）
>
> スマホの角度を前後左右に少し動かしてみていただけますか。
>
> （天井ライトの映り込みをモニター画面で確認する。）

タスク実行観察に入る前にカメラを調整します。ユーザビリティテストにおいて映像は非常に重要です。出来る限り良い映像が撮れるように、カメラ調整は丁寧に行いましょう。

まず、ユーザに書画カメラの真下で普段と同じように端末を持ってもらって、**端末の画面全体が写る**（スクリーン上部や下部が見切れない）ように、書画カメラの位置やアームの角度を調整します。

それから、**端末画面の輝度**を調整します。ユーザの普段通りの設定では、書画カメラで撮影するには明るすぎたり暗すぎたりすることがあります。「もう少し暗く／明るく」するようユーザに指示して、モニター画面が最も鮮明な映像になるように調整します。ユーザが輝度変更のやり方を知らない場合は、司会者が設定方法を指示します。

もう１つ気を付けないといけないのが**天井ライトの映り込み**です。観察中に蛍光灯がチラチラと映り込むと非常に邪魔です。もちろん会場設営時に書画カメラの設置位置を十分検討すべきですが、念のため、ユーザに端末の角度を少し傾けてもらって最終チェックします。

⑤—タスク実行観察

では、これから実際にアプリを使っていただきますが、その前に仮の状況を設定させてください。○○さんは、今、こんな状況にあると思ってください。

(ユーザにシナリオカードを提示して読み上げる。)

（今、仮に）最近、○○さんは新聞を取るのを止めたので、スーパーやドラッグストアなどの折り込みチラシが手に入りにくくなって少し不便を感じていました。そんな時に「近くのお店のチラシが届く！　XXXX」というスマホ用のアプリがあることを知って、早速自分の端末にインストールしてみました。

(ひと呼吸おいてから、ユーザにタスクカード①を提示して読み上げる。)

①アプリを起動して、自宅近くのお店のチラシが届くようにしてください。実際

　に普段よく利用しているお店を、なるべく3店舗以上選んでください。

（ユーザがタスク①を完了するまで、司会者は観察に徹する。）

司会者はユーザに「**シナリオ**」と「**タスク**」を提示します。原則として、事前に用意したシナリオとタスクをそのまま読み上げます。その際に言葉だけでは伝わりづらいので、シナリオやタスクを印刷した「**情報提示カード**」を併用します。

司会者の仕事はここまでです。後は"操縦桿"を渡して、ユーザが独力でタスクを実行する様子を黙って観察します。

もちろん、ユーザがタスク指示内容を誤解したり、思考発話が滞ったり、操作に行き詰ったりして、司会者が介入することはあります（そのテクニックは次節「4-2　司会者の心得」で詳しく解説します）。しかし、最も重要な司会者のスキルは「**黙って観察する**」ことです。

そして、ユーザがタスクを完了したことを確認したら、次のタスクを提示して、また「黙って観察する」――これを繰り返します。

（ユーザがタスク①を完了する。）

　次にやっていただきたいことはこちらです。

（ユーザにタスクカード②を提示して読み上げる。）

②届いたチラシを見てください。なるべく普段、紙のチラシを利用するのと同じ
　ように利用してください。

（ユーザがタスク②を完了するまで、司会者は観察に徹する。）

　次にやっていただきたいことはこちらです。

（ユーザにタスクカード③を提示して読み上げる。）

③お気に入り店舗を入れ替えてください。今のお気に入り店舗から1店を削除して、新しく1店追加してください。

（ユーザがタスク③を完了するまで、司会者は観察に徹する。）

次にやっていただきたいことはこちらです。

（ユーザにタスクカード④を提示して読み上げる。）

④（今、仮に）少し体調が優れないので医薬品（風邪薬など）を買いに行くことにします。ここ（テスト会場）から一番近いドラッグストアを探して、場所を確認してください。

（ユーザがタスク④を完了するまで、司会者は観察に徹する。）

ありがとうございました。これで、○○さんにやっていただきたいことは全部終わりました。

❻ — 事後インタビュー（質疑応答含む）

司会者	ユーザ【30代女性】
最後にもう少しだけお話をうかがわせてください。今日は『XXXX』をご利用いただきましたが、今の率直な感想をお知らせください。	
	スマホの画面でチラシが読めるのかなと思っていましたが、指で拡大できました。ただ、小さい文字は読みづらかったのと、画面の中でチラシを上下左右に動かして読むのは面倒でした。普段は全体をぱっと見るだけなので。あと、このアプリにはスーパーBが載っていなかったのは疑問です。地元では結構有名な店なんですが。
では、何か良かったと思う点はなかったですか？	
	店の中よりも自分のスマホで見る方がゆっくり読めますね。それから、普段行かない店のチラシも見れたのはよかったです。今度、行ってみようかなと思いました。
今日の体験を総合的に判断すると、○○さんのこのアプリに対する評価はどれくらいですか。App Store や Google Play と同様に『星の数（最大5つ）』でお答えください。	
（評価カードを提示する。）	
	うーん、、、星3.5。
その理由は？	
	普通よりちょっと上くらい。新聞を取ってなくてもスマホでチラシの実物が見れるのは嬉しい。無料だし。でも、チラシがなくてもそれほど困っている訳ではないので。

〇〇さんは、このインタビューが終わってから、このアプリをどうしようと思いますか？〈引き続き利用する｜いちおう残しておく｜すぐに削除する〉	
（評価カードを提示する。）	
	「いちおう残しておく」かな。
その理由は？	
	このアプリって朝にチラシがスマホに届く（プッシュ通知）みたいなので、一度、見てみたい。前は朝刊に挟まってるチラシを見るのが意外と好きだったので。

タスク終了後のインタビューでは、まず**率直な感想**を求めます。そうすると、タスクで悪戦苦闘したユーザはネガティブな体験について話し始めるでしょうし、スムースに完了できたユーザはポジティブな体験が中心になるでしょう。そして一通り話を聞いたら、次は“逆”の体験について話すように促します。ここでは、ユーザがまずネガティブな点を中心に回答したので、司会者は「では、何か良かったと思う点はなかったですか？」と質問しています。

感想を聞いたあとは、**満足度や再利用意向**などを「評定尺度（5段階評価など）」で回答してもらい、その「理由」も尋ねます。上記のように満足度を「星の数」で回答してもらったり、再利用意向を「引き続き利用する」といった「カテゴリ」で回答してもらったりしても構いません。その際に、尺度やカテゴリを印刷した「評価カード」をユーザに提示すると分かりやすいです。

（司会補助者が見学者からの質問を司会者に伝達する。） 冒頭でお伝えしたように、このインタビューの様子は別室にてスタッフや関係者が見学させていただいています。その見学者の皆さんからいくつか質問が寄せられています。 （ユーザに質問して回答を得る。）

最後に**見学者からの質問**を受け付けます。司会補助者がチャットツールなどで質問を受け付けて、それらを取りまとめて司会者に伝達します。

ただし、ユーザビリティテストでは「意見を聞くよりも行動を見る」ことが重要だという基本原則をお忘れなく。もし、この段階で**ユーザが質問攻めにあうとすれば、そのテストは失敗**です。テスト設計、司会スキル、見学スキルに問題があったのではないかと疑わざるを得ません。

❼ — エンディング

これでインタビューは終わりです。

こちらに謝礼を用意させていただきました。中をご確認いただき、ご面倒ですが受領書に記名、捺印をお願いいたします。

(受領書を受け取って保管する。)

本日はインタビューにご協力いただき、本当にありがとうございました。

(ユーザを出口に案内して見送る。)

（録画を停止する。）

（テスト環境を初期化する。）

事後インタビューが終われば、後はユーザに「**謝礼**」を渡して、領収書に記名・捺印してもらって、お見送りするだけです。

ところで、ユーザが領収書に記名・捺印している間も録画は続けておいて損はありません。それは、テストが終わってリラックスした状態で、ユーザが自らテストを振り返って“おもしろいこと”を言い出す場合があるからです。**録画停止ボタンを押すのはユーザが帰った後**で構いません。

ユーザを見送ったら、すぐにテスト環境の「**初期化**」を行います。テスト設計時に定義した手順に従って、次のセッションは“まっさら”な状態で始められるように手際よく準備します。

これでユーザビリティテストの第１セッション（１人目）が完了したことになります。そして、しばらくすると２人目のユーザが会場に到着して「①受付」～「⑦エンディング」を行い、さらに３人目…と同じことを繰り返します。

4-2
司会者の心得

❶—読心術

ユーザビリティテストの司会者とは、ちょっとした表情の変化やボディランゲージからユーザの“心の声”を読み取る「読心術」の使い手——そんなイメージを持っている人も少なくないかもしれません。もちろん、人の心が読める能力があれば何かと便利だろうとは思いますが、ユーザビリティテストの司会者に**読心術は不要**です。

ユーザビリティテストは「司会者」と「ユーザ」だけで実施しているわけではありません。“マジックミラー”の向こう側には、テストの様子を固唾をのんで見守っている「見学者」がたくさんいます。そんな普通の見学者でも、ユーザの行動を見れば分かる——それがユーザビリティテストの醍醐味です。もし、特殊能力を持った専門家に解説してもらわない限りユーザの行動を理解できないとすれば、そのテストの価値は半減してしまいます。

つまり、優れた司会者とは、読心術のような特殊能力を身に付けた人ではなく、普通の**見学者の目線でテストを進行**できる人です。そして、司会者に求められる最も基本的なスキルとは、ユーザの心の声を「読心術」で読み取ることではなく、ユーザに心の声を「発話」するよう促すこと（＝『思考発話法』）なのです。

❷—実況中継

一見するとても難しそうな感じのする『思考発話法』ですが、その基本原理はとても単純です。（心の声を読み取らなくても）ユーザに自分で話してもらえばいいのです。

ただし“自己申告”は当てになりません。タスクが終わってからユーザに感想を聞くだけだとすれば、それは私たちが求める発話データではありません。ユーザビリティテストの大原則は「ユーザの声聞くべからず」です。

そこで、タスクが終わってから話してもらうのではなく、話しながらタスクを実行してもらうことにします。タスクの最初から最後まで、操作しながら1ステップずつ、心の声をその都度口に出してもらう——まるで、**ユーザ本人が実況中継する**かのように。

「そんなことが（素人の）ユーザにできるのか？」と疑問に感じるかもしれません。確かに、事前説明で「操作しながら思ったことを口に出して欲しい」と依頼するだけでは無理ですが、観察しながら司会者がユーザに適切に寄り添えば可能です。

実況中継する
「おもむろに画面を下方向にスクロールすると、、、お～っと！〈送信ボタン〉が現れました !!」

❸ ― 会話と発話

これは、ある飲食店情報アプリのテストの様子です。ユーザはアプリを起動して、チュートリアルに従って初期設定を行っています。

司会者	ユーザ
思ったことを口に出しながら操作してください。	
	（画面上に現れたキャラクターが）[お礼にチップがもらえるよ] とか言ってますよ。「チップ」って？？？
（説明文を）読んでみてください。	
	[プッシュ通知もどうぞ] ？？？ [今はやめておく] にしておこうかな。。。
それも自由で。	
	何でもいいんですか？
はい。	
	で、[はじめる] ？
押してみてください。	
	はーい。

この司会者は完全に間違っています。（なお、この司会者は、事前にトレーニングを受けず、この時“初めて”司会をすることになったので、彼女を責めるのは酷ですが。）

間違い箇所を指摘すればきりがありませんが、根本的な間違いは、この司会者がユーザと「会話」していることです。もし、これが“インタビュー”ならば上記のやり取りは愛想がよく、テンポもよくて、それほど悪くないのかもしれません。（この司会者はいちいち“答え”を教えているので、そもそもテストとは言えませんが。）

思考発話は**「会話」**でなく**「発話」**です。会話は双方向ですが、発話は一方通行です。つまり、ユーザには１人で話してもらいます。司会者はユーザの発話（要するに“独り言”）を聞くだけです。いちいちリアクションしてはいけません。

司会者が正しく振る舞えば、先ほどのテストの様子は次のようになるでしょう。

司会者	ユーザ
思ったことを口に出しながら操作してください。	
	（画面上に現れたキャラクターが）［お礼にチップがもらえるよ］とか言ってますよ。「チップ」って？？？
…	
	［プッシュ通知もどうぞ］？？？［今はやめておく］にしておこうかな。。。
…	
	で、［はじめる］？
…	

「こんなことをしたら、ユーザが怒って帰ってしまうのではないか？」と心配するかもしれません。もちろん、日常生活でこんな態度を取ったら、確実にあなたは信頼を失うでしょう。

そこで重要になるのが、「**質問には答えられない**」という事前説明における通告です。もし、司会者がこの事前通告をしないで、一方的に上記のような態度を取ったとすれば、本当にユーザを怒らせてしまうかもしれません。

実は、事前説明の段階では、ユーザはその意味をよく分かっていません。まさか、その後、司会者が自分といっさい会話してくれなくなるとは思っていません。しかし、実際に司会者が毅然とした態度（モニター画面を凝視して全くリアクションしない等）を示すと、一瞬“戸惑い”の表情を見せたあと、すぐにすべてを“悟って”、後は１人でタスクに取り組んでくれるようになります。

なお、念のため書いておきますが、**司会者が発話モードで振る舞うのは「⑤タスク実行観察」の部分だけ**です。それ以外は会話モードで（なるべく愛想よく）振る舞います。もし「①受付」の段階から問い掛けにいっさいリアクションしないとすれば、ユーザは本当に怒って帰ってしまうでしょう。

❹ — 司会者十訓

どんな仕事にもコツはあります。そして、様々な分野の専門家は、皆、独自の工夫をこらしているものです。ユーザビリティテストの司会者も同じです。個々の司会者の工夫を列挙すればきりがありませんが、ここでは基本的な実践テクニックを 10 個だけ紹介しておきましょう。

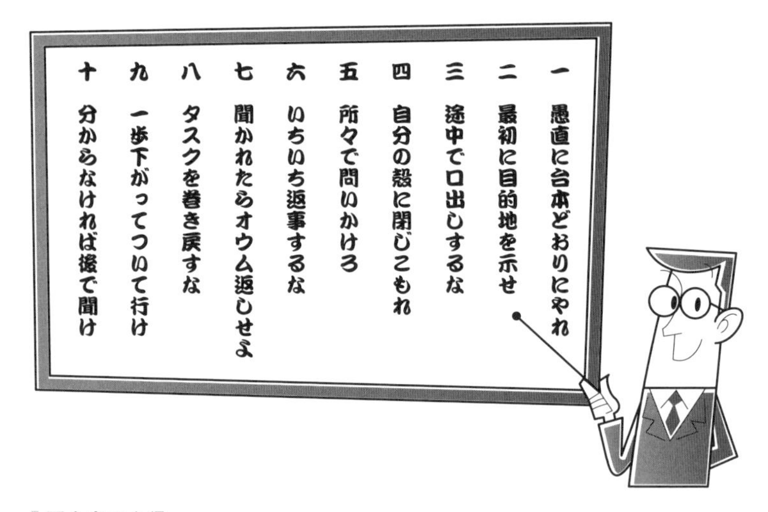

司会者の心得
ユーザビリティテストの司会テクニックはユーザインタビューとは異なる*。

①愚直に台本どおりにやれ

司会者はインタビューガイドのとおりに進行します。全セッションが同一環

*「ユーザインタビュー法」については、拙著『UX リサーチの道具箱－イノベーションのための質的調査・分析』で詳しく解説しています。

境で実施されなければ“テスト”とは言えません。万一、上手くいかない箇所が出てきた場合は、セッション終了後にチームメンバーと相談してインタビューガイドを修正します。ただ、本番で修正する羽目になる前に、パイロットテストの段階で修正すべきです。

②最初に目的地を示せ

ユーザが指示内容を理解できていない場合は、タスクを開始してはいけません。改めて説明したり、噛み砕いて説明したり、ユーザの質問に答えたり（タスク開始前なら可）しますが、その際には、不用意にヒントを与えてしまわないよう細心の注意が必要になります。無用なトラブルを避けるためには、テスト設計の段階で、タスク指示文や情報提示カードの内容を十分に吟味しておくべきです。

③途中で口出しするな

ユーザがいったん操作を始めれば、司会者は何もしてはいけません。ユーザの行動を“肯定”も“否定”もしてはいけません、何も指示してはいけません、何も説明してはいけません――何をしても必ずユーザの認知に影響を与えてしまうからです。司会者のすべきことは「黙っている」ことです。

④自分の殻に閉じこもれ

司会者は「会話するつもりがない」ことを態度で示します。つまり、黙ってモニター画面を見つめる――まるで、図書館で本を読んだり、コワーキングスペースで仕事をしたりする時のように。こうすることで、疑似的に“閉じた”空間を作ることができます。すると、ユーザも自分の空間の中に閉じこもって、自分自身に向けて発話（独り言）しながら、自分の仕事（タスク）に１人で取り組むようになります。

⑤所々で問いかけろ

残念ながら、司会者が黙って観察していると、ユーザも黙って作業しがちです。そこで、司会者はユーザの発話をうながすための短い問いかけを随時行います。そんな時、司会者がよく使う定番のフレーズがあります。

- 今、何をご覧になっているのですか？
- 今、何を考えていますか？
- 今、何をしているのですか？
- 次に、どうしようと思うのですか？
- これは期待どおりでしたか？
- どうなると思っていたのですか？
- なぜそう思ったのですか？
- 今のお気持ちは？

なお、問いかける際には“モニター画面”に向けて話しかけましょう。ユーザの“顔”を見て話しかけると「会話」が始まってしまいます。

⑥いちいち返事するな

司会者が問いかけると、ユーザは返事（発話）をしてくれます。しかし、司会者はユーザに対して返事してはいけません。

- 司会者：「今、何をご覧になっているのですか？」
- ユーザ：「ここを読んでるんですが、字が小さくて…。」
- 司会者：「…」

この時、司会者が返事すると「会話」が始まってしまいます。あくまでユーザは“独り言”を言っている（ことになっている）のです。黙って聞いていましょう。

⑦聞かれたらオウム返しせよ

どうしてもリアクションせざるを得ないときには「オウム返し」という手があります。つまり、ユーザの発話内容をそのまま復唱するのです。「字が小さいなー」とユーザが不満気味に発話すれば、司会者は肯定も否定もせず、単に「字が小さいんですね」と軽く復唱します。そうすると、ユーザは「小さいっていうよりも、読めないですよね。漢字なんか潰れちゃってる」などとさらに発話を続けてくれるかもしれません。この「オウム返し」は、ユーザの発話が不明瞭な（声が小さい）場合などにも役に立ちます。

⑧タスクを巻き戻すな

タスクの途中で「さっきの画面で××したのは、どうしてですか？」などとユーザの操作を中断して、手順を巻き戻そうとしてはいけません。思考発話とは動作と発話が“同期”することです。そのためには、司会者はモニター画面から片時も目を離さないようにして、ユーザの行動に疑問があれば間髪を入れず問いかけます。くれぐれも、“観察メモ”を書いていて、ユーザの行動を“見逃し”て、タスクを“巻き戻し”する羽目にならないように。

⑨一歩下がってついて行け

例えば「完了画面」が表示されると、司会者（および見学者）は「ユーザはタスクを完了した」と思うでしょう。でも、ユーザ本人は完了したことに気付かず「どうすれば完了できるのか？」と戸惑っているかもしれません。司会者（および見学者）はユーザの行動を“先回り”して解釈してはいけません。観察とは、ユーザの行動から「一歩下がってついて行く」ことです。

⑩分からなければ後で聞け

タスクが終われば「発話モード」も終わりです。もし、タスクの途中でユーザの発話が上手く得られなかった箇所があれば、「（○○の画面で）××したとき、何を考えていたのですか？」と単刀直入に尋ねましょう。ずいぶん“いい加減”な感じがするかもしれませんが、これは『**回顧法（Retrospective Method）**』という、れっきとしたテスト手法の１つです。思考発話法と回顧法は二者択一ではありません。多くのプロの司会者が２つの手法を補完的に使っています。タスクが終われば、気兼ねなくユーザと「会話」してください。

ユーザ救助法 …Column

ユーザビリティテストではユーザに独力でタスクを達成してもらいます。でも、完全に“立ち往生”してしまった場合は？——。そのまま放置すると貴重なテスト時間が無駄になりますし、ユーザもモチベーションを失ってしまいます。

まず、本当にそのユーザは独力でタスク達成が不可能であると言えるかどうかを判定しましょう。次のいずれかの状態ならば、司会者はいったんユーザの行動を止めます。

- 同じ失敗を二度繰り返し、さらにもう一度同じことをしようとする。
- メニューや機能を総当たり（片っ端から試す）し始める。
- ギブアップ（口頭または態度）する。

その後の対応策は 2 つあります。

教科書的に正しい対応は、そのタスクを打ち切って、次のタスクを提示することです。「タスク達成時間」などの量的（定量的）データ測定を重視する伝統的ユーザビリティテストでは必ずそうします。司会者が介入して”間延び”したタスク達成時間を測定しても意味がないからです。ただ、タスク 1（例えば初期設定）を達成しないとタスク 2 以降に進めないという構成のテストの場合は、タスク 1 の途中でテスト全体が終了になってしまうかもしれません。打ち切り方式は費用対効果が悪い方法です。

もう 1 つの方法は司会者が“救助”することです。ただし、答えを直接教えることはなるべく避けます。少しずつ種明かししましょう。例えば、ユーザがページ下部に隠れている送信ボタンに全く気付かない場合は、「ページをスクロールしてください」と指示するのではなく、「もう少し下の方に何かないですか？」と誘導します。そうすると、ユーザは改めてユーザインタフェースを注意深く探索して、「あっ、まだ下にあったんだ。ここで（画面は）終わりだと思ってた」というように、自力で混乱から抜け出してタスクを続けることができます。

なお、司会者が介入をした場合、そのタスクは「未達」として記録します。「助成したとは言え、なんとか自力でタスクを完了できたのだから」などと言って、タスク達成率を“粉飾”してはいけません。

4-3 見学者の心得

❶—百聞は一見に如かず

「百聞は一見に如かず」——ユーザビリティテストの効能をひと言で表すとすれば、最も適した表現だと思います。「作り手にとって当たり前のことが、ユーザにとっては全く当たり前でない」ということを身にしみて理解するには、生のユーザの言動を“自分の目”で見る以上に効果的な方法はありません。

ユーザビリティテストにおいて**「見学」は「目撃」とほぼ同義語**です。自分で目撃すればどんな結果であっても受け入れざるを得ません。逆に自分で目撃しなければ、後日、他の人から大袈裟な目撃証言——例えば「製品をゼロから作り直さざるを得ない」ような深刻な問題——を聞かされても、あまり真に受けられないでしょう。

レポート、ビデオクリップ、報告会……。ユーザビリティテストの結果を伝

百聞は一見に如かず
ユーザビリティテストの見学者は生のユーザの言動を“目撃”する。

達する方法はいくつかありますが、自分で目撃する以上に効果的な方法はありません。そして、目撃者の数が多ければ多いほど、その後の意思決定が迅速に行えるようになります。その目撃証言の信憑性を巡って、無駄な議論を繰り広げなくてもすむからです。

❷—パートナーシップ

「目撃」と言うと、その場に「居合わせる」というイメージを持つかもしれません。もちろん、なるべく多くの関係者に見学に来てもらうべきですが、もし彼らが文字通りその場に「居るだけ」ならばあまり成果は得られないでしょう。

以前から、調査業界ではクライアントによる実査の“立ち会い”が行われてきました。例えば、グループインタビュー会場の舞台裏にはクライアントの関係者（関連部署の人など）が何人も詰めかけていたものです。残念ながら、その多くは単なる「見物人」——コーヒー飲んで、仕出し弁当食べて、居眠りして、途中で早めに帰る——だったのですが…。

ユーザビリティテストの「見学者」は「見物人」ではありません。ユーザビリティテストの実査は「ユーザ」「司会者」「見学者」の三者が揃って、初めて成立するものです。その中でも、**見学者は司会者のパートナー**として重要な役割を果たします。見学者は司会者とは異なる視点でユーザの言動を観察し、質問します。また、見学者はテスト結果を製品に反映させるために、目撃した事実を他の関係者に伝えます。決して、司会者の仕事ぶりを“高みの見物”するために、観察室に招かれているわけではありません。

❸—見学ガイド

一人前の見学者になるためには、ちょっとした事前準備に加えて、少しばかりの事前知識の習得が必要です。その上で“場数”をこなすのが上達の早道です。

①予習ガイド

何も準備をしないで観察室に入っても、見学者としての役割は果たせません。ユーザビリティテストの見学者には“予習”が欠かせません。

- 事前に「見学セット」を入手します。1つは「**テスト参加者リスト**」です。各セッションの開始時刻とテスト参加者の属性（性別・年齢・職業など）が書かれた一覧表です。これがないと自分の見学スケジュールが立てられません。もう1つは「**インタビューガイド**」です。
- インタビューガイドを入手したら、まず、そこに書かれている**タスクを自分で実行**してみます。通常、見学者がタスク達成に戸惑うことはないでしょう。それで構いません。「正しい操作手順」と「画面の詳細」を頭に叩き込みます。
- 次に、ユーザが同じ操作を出来るかどうかを検討します。ちょっと“心配性”になって考えてみましょう。「（ユーザは）メニュー選択に戸惑うのではないか？」「（ユーザは）オプション指定を間違えるのではないか？」「（ユーザは）実行ボタンに気付きづらいのではないか？」等々——これが観察時の「**チェックポイント**」になります。

②観察ガイド

「テスト参加者リスト」に記載されているスケジュールに従ってセッションを見学します。テスト進行は司会者に任せて、見学者は観察に徹しましょう。「いったい何をどのように“観察”すればよいのか？」と戸惑うかもしれませんが、特別なスキルや訓練は不要です。

- ユーザが「**どの画面で**」「**何をして**」「**何と言った**」のかを観察します。そして、その“事実”をありのままに目と耳に焼き付けます。特に「チェックポイント」の箇所では念入りに。
- **観察と分析を区別**します。「タブの色をもっと明るくすべきだ」というのは分析結果（改善案）です。「ユーザはタブに気付きづらかった」というのが観察結果（事実）です。今は観察する時です。分析するのはすべての観察データが集まってからです。

- 3セッション以上見学して「**パターン**」を見つけます。通常、ユーザビリティテストでは「複数のユーザ」が「同じ画面」で「同じこと（行動・発話）」をします。それが「パターン」です。そのため、第3セッション以降は「“オチ”の決まったコントを繰り返し見る」ような感じがすることが多いと思います。
- ユーザが失敗した場面だけでなく、**成功した場面**もしっかり目に焼き付けます。上手く機能している箇所を不用意に改悪してしまわないためです。ユーザビリティテストは、決して製品の“あら探し”ではありません。

③質問ガイド

見学者は司会者を経由して随時ユーザに質問できます。原則として質問は歓迎です――それが「正しい質問」である限り。見学者のための質問ガイドラインを提示しておきます。

- 質問のタイミングは2つあります。「**タスク後**」と「**テスト後**」です。「タスク後」とはユーザが各タスクを終えた直後のことです。「テスト後」とは事後インタビュー後の質疑応答のことです。見学者はこの2つ以外のタイミングでテストに介入してはいけません。
- 質問内容はユーザの認知に影響を与えます。例えば、タスク1終了直後に“アイコン”について質問したとすれば、そのユーザはタスク2以降でもアイコンに注意を向けるようになるでしょう。**不用意な質問**は避けましょう。
- 「（追加で）ユーザに××してもらえないか」などと、その場で**新しいタスクを作ってはいけません**。テストはインタビューガイドのとおり実施します。もし検証したいタスクがあるのならば、あなたは「見学」ではなく「テスト設計」の段階から参加すべきです。
- 「もし（UIが）こうなっていれば…」などと、その場の思い付きを“言葉”だけで検証しようとしてはいけません。ユーザビリティテストではユーザの“行動”で検証します。何らかの仮説があるのならば、必ずそれを「**プロトタイピング**」したうえで、タスクとしてユーザに提示すべきです。

- ユーザビリティテストで「ユーザの声」を訊くのは論外ですが、ユーザに「**失敗の原因**」を尋ねるのも“お門違い”です。例えば、あるユーザがウェブサイト上で「派手な矩形の［重要なお知らせ］画像」を見逃したとして、「なぜ、［重要なお知らせ］を見逃したのですか？」と尋ねるのは愚問です。これは「バナーブラインドネス（バナー広告に似たものは目に入らない）」として知られている行動パターンですが、ユーザ自身はそれを意識していないので、質問されても正しい理由を答えられません。「なぜ」を明らかにするのはユーザではなく、“あなた”の役目です。

このように禁止事項を並べられると、「いったい何を質問すればいいのか？」と困惑してしまうかもしれません。実は、司会者であれ見学者であれ、**ユーザに投げかけるべき質問は本質的には1つだけ**——「（○○の画面で）××したとき、何を考えていたのですか？」——です。「行動」と「思考」が把握できれば、それ以外に敢えてユーザに訊くべきことはありません。つまり、ユーザが十分に発話していれば追加質問は不要です。

初心者向け見学ガイド ...Column

見学者のスキルはユーザビリティテストの成否を左右します。中長期的には社内関係者への啓蒙は欠かせませんが、一番最初から「十分な予習」「正確な観察」「正しい質問」を要求すると、結局、誰も見学に来てくれないという最悪の結果を招くかもしれません。

実は、私（樽本）は“初心者向け”の見学ガイド（A4用紙1枚）も用意しています。初めて社内でテストを実施する場合や、初めて見学に参加する人が多い場合は、これくらい“ハードル”を下げた方が無難だと思います。

ユーザビリティテスト見学ガイド

◎テスト・スケジュール

No.	日時	ユーザプロフィール
1		
2		
3		
4		
5		

◎見学に当たって、

- 事前知識・準備は必要ありません。気軽に見学にお越しください。なお、テストはインタビューガイドに従って進行しますので、興味のある人は事前に内容をご確認ください。
- 映像や音声が見づらい／聞きづらいと感じた場合は、その場で遠慮なくお知らせください。すぐに出来る限り改善いたします。
- ユーザに対して質問がある場合は、恐縮ですがテストの最後の質問時間までお待ちください。なお、質問時間は最大 10 分なので、すべての質問にはお応えできないかもしれません。事前にご了承ください。
    - 【備考】 アンケート調査やインタビュー調査とは異なり、ユーザビリティテストでは、ユーザの「意見」よりも「行動」に注目します。どんな質問でも歓迎しますが、ユーザに意見を尋ねる質問よりも、ユーザが実際に行った行動に関する質問を優先させていただきます。
- すべてのテストを録画しています。映像をご覧になりたい場合は、お気軽にお知らせください。
- 皆さんが見学・視聴する内容にはユーザの個人情報が含まれています。プライバシーガイドラインを遵守するよう留意してください。

◎参考：ユーザビリティテストとは、

- ユーザにタスク（課題）を提示して、その実行過程を観察します。
- ユーザには考えていることを話しながらタスクを実行してもらいます。
- 5 人のユーザでテストすれば 85%のユーザビリティ問題が見つかるとされています。

ご質問・ご要望は：@XXXXXX まで

章末 Column

UX リサーチの倫理学

①個人情報保護

ユーザビリティテストでは個人情報（プライバシー）を扱わざるを得ません。万一、その情報が漏洩すると大変な事態に発展するのは、昨今のニュースなどを見ていれば想像に難くないでしょう。「P マーク」取得など、個人情報の管理体制の構築は本書のスコープを超えますが、ここでは現場で実践できる基本的な注意点を挙げておきます。

まず、**なるべく個人情報を受け取らない**ようにすることです。人脈を使ったリクルートでは正確な生年月日、住所、勤務先等々の情報は不要です。差し当たりユーザの名前とメールアドレス、携帯電話番号があれば問題なくリクルートできます。興味本位でやたらと個人情報を集めると、結局、自分が損をするだけです。

そして受け取った個人情報はなるべく秘匿します。例えば「名前（フルネーム）」はリクルート担当者には必要ですが、それを見学者に伝える必要は全くありません。実査を行う上で必要なのは「苗字のヨミ」だけです。「サトウさん」なのか「ヤマモトさん」なのかが判別できれば、それで十分です。さらに、分析段階では「ユーザ 1」「ユーザ 2」などと完全に記号化してしまいます。また、録画映像は原則として“あなた”の管理下でのみ閲覧できるよう制限をかけます。

なお、謝礼を支払うと、領収書にユーザの氏名、住所、電話番号を書い

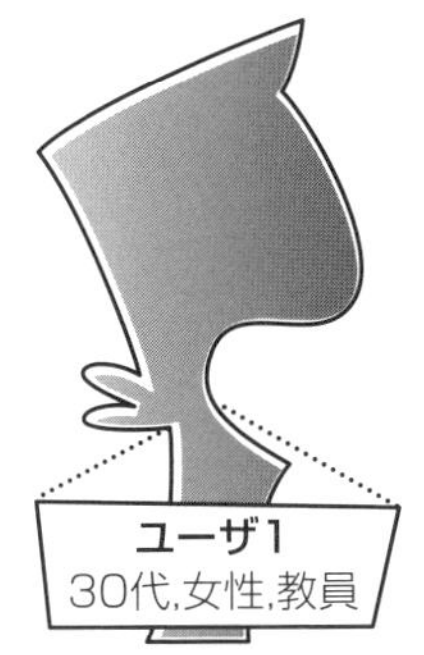

ユーザ2
40代,男性,会社員

個人情報保護
実査が終わればユーザの個人情報は匿名化、記号化してしまう。

てもらうことになりますが、この領収書の管理は社内の経理担当者にお任せしてしまいましょう。

②倫理的責任

ユーザビリティテストにおける倫理的責任とは、単純に言えば「**ユーザに不快な思いをさせない**」ということです。

ユーザビリティテストには、ユーザに精神的・肉体的な負荷を課す、いわば“人体試験”という側面があります。原則論から言えば「テストから得られる社会的利益がテストを実施しないことによってもたらされる社会的損失を上回る」場合にのみテストは認められます。実際、医学や心理学の分野では高度な倫理規定を設けており、臨床試験の実施には学内の倫理委員会の許可を必要とします。

通常のユーザビリティテストはそれほど深刻なものではありません。それに一般的にユーザビリティテストから得られる利益と実施しない場合の損失を比較すると、利益が損失を上回るといえます。なぜならば、ごく少数のユーザの協力で多くの問題点を発見して、製品の利用品質を改善し、結果として多くのユーザの生産性や満足度の向上が期待できるからです。ユーザビリティテストのために社内倫理委員会に諮る必要はないでしょう。

ただし、倫理観の欠如は無用なトラブルを誘発し、場合によっては法的な責任問題に発展する危険もあります。ユーザビリティテストの当事者全員が最低限の倫理規定をわきまえておくべきでしょう。

◎事前の説明と同意*

いわゆる「インフォームド・コンセント」です。ユーザビリティテストは事前に正しく説明したうえで、ユーザの同意を得て行うものです。「隠れて観察や撮影をしている」と勘違いしている人がいますが、ユーザビリティテストは決して「覗き見」や「隠し撮り」ではありません。「別室に見学者がいること、記録すること、その方法、使用目的」をユーザに事前に明確に説明して、明示的に同意を得てから観察と撮影を始めます。

◎精神的・肉体的な安全

ユーザビリティテストでユーザを肉体的に傷つける危険性は現実にはほとんどありません。しかし、精神的な負

＊本書の執筆時点では、新型コロナウイルスが猛威を振るっており、大きな社会的リスクとなっています。「マスク」「検温」「消毒」「パーテーション」「社会的距離」――テスト会場における感染予防の具体策は本書のスコープを超えますが、どのような対策を取る／取らないにせよ、事前にユーザに告知して同意を取る必要があります。

荷は想像を上回る場合があります。ユーザビリティテストとはユーザにとっては“能力評価”ともいえるからです。そのうえ、自分が製品と悪戦苦闘する様子を他人に晒すことになります。ユーザはこれを何となく恥ずかしく感じているかもしれません。そのタイミングで司会者や見学者が舌打ちしたり、嘲笑うような態度を見せたりするとユーザは精神的に傷付きます。なお、司会者や見学者同士の目配せや耳打ちであっても、ユーザは自分の悪口を言われているように感じることがあるので注意が必要です。

◎利害関係者の除外

家電製品のテストに協力すると、後日、新製品のパンフレットが送られてきた――このような営業行為は決して行ってはいけません。また、自社の従業員に協力してもらって実施したテストのデータが人事評価（能力評価）に流用されてはいけません。ユーザビリティテストの結果は製品の改善目的のみに使用します。しかし、営業担当者や人事担当者がプロジェクトに関与していると、どうしてもテストで見聞きした情報を自分の仕事にも利用したくなってしまいます。それを回避する最も確実な方法とは、彼らをメンバーに入れないことです。

このように、改めて「倫理的な責任」を問われると、ちょっと腰が引けるかもしれません。どうしても心配ならば法務部門や法律事務所に相談することをお薦めしますが、どんなに書類を整えたところで、テスト中にユーザに不快な思いをさせてしまっては意味がありません。まずは、どんなユーザに対しても、絶えず**敬意を持って接することを心掛ける**ようにしてください。

Chapter 5

分析ガイド

5-1
データ分析

多くの場合、ユーザビリティテストを見学すれば、その製品に「問題がある」ことは誰の目にも明らかになります。しかし、具体的に「何が問題なのか」、その問題は「なぜ起きたのか」を明らかにするためには、改めて観察データを分析する必要があります。

❶—ポストアップ

ユーザビリティテストでは主に質的データ（定性データ）——ユーザが「どの画面で」「何をして」「何と言った」のか——が得られます。これらのデータを録画と突き合わせて詳細に検証（＝『プロトコル分析』）しようとすれば、膨大な時間がかかってしまいます。そこで、原則として見学者の記憶を頼りに分析を進めます。

テストが終わったら、まず観察した**問題点をリストアップ**します。すべてのセッションが終わってから見学者全員の観察メモを統合しても構いませんが、観察しながらどんどんカード（付箋紙など）に書き出して、ホワイトボードなどに貼り出す（ポストアップ）方が効率も精度も上がります。他の見学者の視点に触発されるからです。

観察カードには個々の見学者の視点で観察した事実（問題点）を自由に書き出して構いませんが、間違った方向に議論を進めてしまわないためのポイントが2つあります。

- **事実を書く**：個人的な“気付き”ではなく、観察した“事実”を書き出します。例えば、「タブの色をもっと明るくすべき」なのではなく、「(ユーザは) タブに気付きづらかった」というのが事実です。また「メニューのラベルが悪い」のではなく、「(ユーザは) メニューの選択に戸惑った」と書くべきです。つまり、後で録画を再生すれば、実際にユーザが「○○している」「××と言っている」場面を確認できるような内容です。

- **ユーザの視点で書く**:「戻るボタンがない」というのはユーザの視点ではありません。ユーザは戻るボタンを使いたいのではありません。単に「前の画面に戻りたい」だけです。つまり「(ユーザは) 前の画面に戻れなかった」と書くべきです。ユーザの視点で記述すると、自然と「ユーザは〜」で始まる文章になります。

なお、見学者間の記憶に相違が生じた場合は、まず司会者に確認してみましょう。司会者はユーザの間近で観察しているので、見学者よりもユーザの行動と発話を鮮明に記憶していることが多いからです。もし司会者もよく覚えていない場合は、ちょっと手間はかかりますが、該当箇所の録画を再生して全員で確認します。

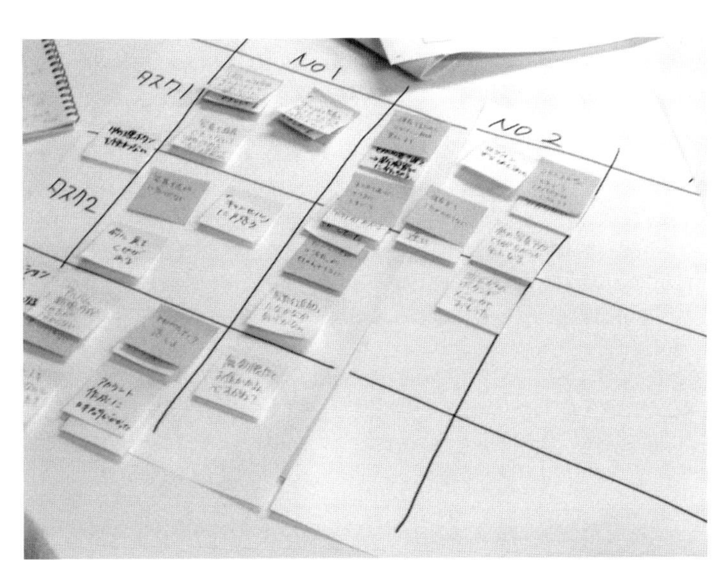

問題点のポストアップ
見学者全員の観察結果を統合する。

プロトコル分析 ...Column

ユーザの行動と発話を記録したものを『プロトコル（Protocol）』といいます。心理学の研究などでは、ユーザのちょっとした仕草さや躊躇した時間の長さまでも記録する、非常に詳細なものを作成しますが、ユーザビリティテストの場合はもっと簡略化した記録で十分です。プロトコルは、録画を少しずつ再生しながら、時系列に記述していきます。

プロトコルの例（PC 直販サイト）：

1. ユーザは製品を比較検討する。
   「えーと、（標準モデルは）129,800 円。こっち（タッチパネル付きモデル）は…タッチパネルが付くと 3 万ちょっとくらい（価格が）上がるのか。」
   「（タッチパネルを）使うかな？　うーん…安い方でいいや。」
2. ユーザが標準モデルの［購入］ボタンを押すと、カスタマイズ画面に遷移する。
3. ユーザは最上部のモデル選択で戸惑う。
   「（訳が分からず、3 つのモデルを見比べながら）これで…？これで…？」
4. ユーザが試しに真ん中のモデルを選択してみると、確認ダイアログが表示される。
   「《モデルを変更します。》……？？？」
   （《これまで選択したスペックはリセットされます。》を黙読する。）
5. ユーザは確認ダイアログの［OK］ボタンを押すが、すぐに気付いて標準モデルを選択し直す。
   「あー、（ここで真ん中を選択すると、スペックの指定が全部やり直しになって）タッチパネル付き（の PC）になっちゃうのか。」

プロトコルとは単なる“文字起こし”ではありません。分析者がユーザの行動と発話を 1 ステップ単位で理解したうえで、補足（括弧書き等）を加えて記述します。そのため、作成にはかなりの時間を要します。通常、テスト時間の 3〜5 倍の時間がかかると想定して作業します。ただし、それはある程度経験を積んだ分析者の場合の話です。もし、初めて分析するのであれば、1 人分のデータを処理するだけで、まる 1 日かかるかもしれません。

そのため、プロトコル分析は実務ではほとんど使いません。テストを見学しながら観察結果をポストアップするだけで、重大な問題点の大半は見つかるからです。製品開発の現場では、記録の作成に時間を費やすよりも、問題の解決に時間を費やすほうが重要であることは言うまでもありません。

ただ、非常に複雑な問題の場合は、部分的にユーザの操作ステップを全部書き出さないと分析できないこともあるので、プロトコルを作成する技術は身につけておいても損はないでしょう。

❷ —マッピング

観察した問題点を書き出したら、今度はタスク単位・画面単位でデータをまとめていきます。その際に、プロジェクタで実際の画面を投影したり、スクリーンショットを印刷して壁に貼り出したりして、画面と問題点の「対応づけ(マッピング)」を行うと理解が進みます。

スクリーンショットを印刷して操作フローの順番に壁に掲示して、それぞれの画面の該当箇所に観察カードを貼りつけていくと、複数のユーザの行動を改めて俯瞰できるようになります。そうすると、「**複数のユーザ**」が「**同じ画面**」で「**同じ失敗**」を犯していることが明らかになり、この製品を使用する際のユーザの一般的な行動パターン（失敗パターン）が浮かび上がってくるのです。

さらに、カードそのものがインスピレーションを与えてくれます。例えば、

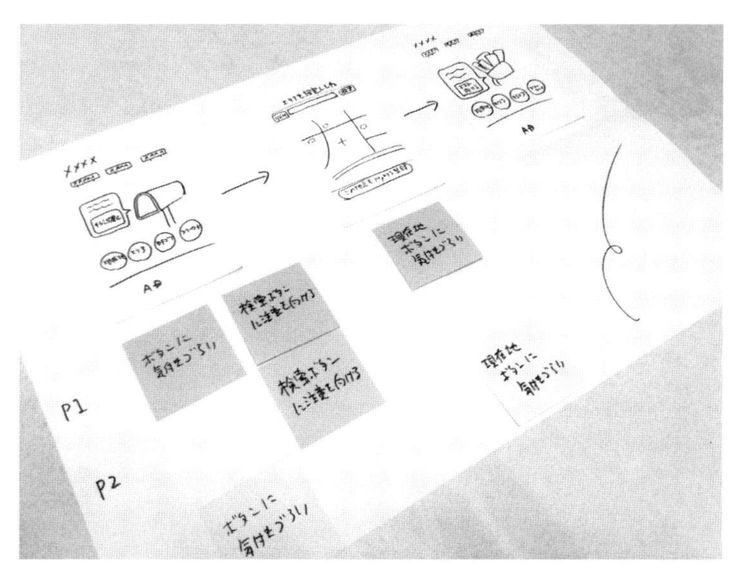

画面と問題点のマッピング
画面遷移図に観察結果を対応づけする。

ある特定の画面にカードが集中していれば、問題の所在は明らかでしょう。また、全体的に見ると画面の下部にカードが多かったり、タスクは異なるのに同じレイアウトの画面にカードが多かったりすることに気づくかもしれません。これは問題の根本的な原因を突き止めるための重要な手がかりになります。

❸—タスク達成状況

問題点を把握したら、次はタスク達成状況を評価します。各ユーザは各タスクをどれくらいスムースに完了できたと言えるのか？――それを以下のような3段階で評価します。

○	ユーザは**独力でタスクを完了**し、無駄な操作や混乱が少なかった場合。
△	ユーザはタスクを完了したが、**無駄な操作や、操作中に戸惑いが見られた**場合（比較的強い不満を述べた場合も含む）。
×	ユーザは独力では**タスクが完了できなかった**と考えられる場合（司会者が助成した場合も含む）。

この評価は厳密なものではなく、分析者の主観をかなり取り入れます。問題点を書き出す時は細かい問題もリストアップするので、問題が1つも見つからないタスクは非常に少数です。しかし、それでは「○」のタスクがなくなってしまい、評価結果にメリハリがつかなくなってしまいます。「すべて△」という結果を出すのならば、わざわざ3段階で評価する意味はありません。

そこで、失敗や戸惑いがあっても、ユーザが独力ですぐにエラーから復帰して、タスク実行プロセス全体とすればスムースに完了できたと言えるのであれば「○」の評価を与えます。そのため、全員が「○」のタスクであっても、比較的重大な問題点が含まれていることがあります。

このタスク達成状況を一覧表形式にまとめれば、テスト結果が一目瞭然になります。

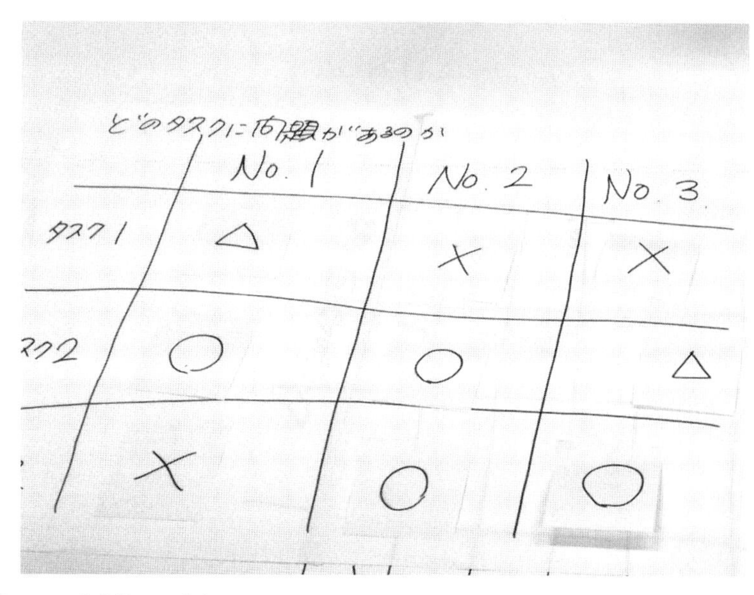

タスク達成状況一覧表
各ユーザが各タスクをどれくらいスムースに完了できたのかを三段階で評価する。

タスク達成時間 ...Column

タスク達成時間は「効率」を表します。例えば、多くのユーザが1分30秒から2分でタスクを完了したのに、あるユーザは3分かかったとすれば、その評価は「△」だと言えるでしょう。タスク達成時間を加味すると、タスク達成状況（○△×）の判定がしやすくなります。

タスク達成時間は1タスク毎にストップウォッチ等で測っても構いませんが、録画のタイムカウンターで簡単に測定できます。スマホアプリの場合は、司会者がタスク開始を指示してからユーザの「指が動き出した」時刻と、タスクが完了して「指が止まった」時刻を記録します（PCアプリの場合はマウス操作の開始／終了時刻）。

ただ、開始／終了時刻を厳密に定義するのは意外と困難なので、私（樽本）は「5秒単位」で記録することが多いです。例えば、「0：10：07」頃に指が動き出して「0：12：03」頃に指が止まった場合は、「開始0：10：05〜終了0：12：05＝タスク達成時間2分00秒」とします。なお、このタイムカウンターの数値は録画を見直したり、動画レポートを作成したりする際にも役に立ちます。

④—プロブレム・マトリクス

仮に5人のユーザをテストして40個の問題点が観察されたとします。しかし、問題点をリストアップしただけでは開発チームは混乱してしまいます。どの問題から手をつければいいのか判断できないからです。ユーザビリティテストでは問題点を明らかにするだけでなく、その影響（インパクト）も明らかにしないと結果を活用できません。そこで、「問題の発生頻度」と「問題の質」の2軸を使ってインパクトを評価します。

「**問題の発生頻度**」とは問題点が観察されたユーザの人数のことです。すべてのユーザで観察された問題点もあれば、1人のユーザだけで観察された問題点もあります。当然ながら、多くのユーザで観察された問題点の方が発生頻度は高いであろうと推測できます。

発生頻度をカウントするために、問題点とユーザを掛け合せた表=「プロブレム・マトリクス」を作成します。つまり、どの問題点がどのユーザで観察されたのかを一覧表示するのです。

このプロブレム・マトリクスの合計欄の数値を使えば、問題点を発生頻度順に並べ替えできるようになります。ただし、発生頻度を比率（%）に換算すると誤解を生じます。ユーザビリティテストでは「5人中4人＝80%」「5人中1人＝20%」という意味ではありません。「5人中4人＝多くのユーザで観察

	ユーザA	ユーザB	ユーザC	ユーザD	ユーザE	合計
問題点1	×		×	×	×	4
問題点2					×	1
問題点3		×		×		2
…						

プロブレム・マトリクス
どの問題点がどのユーザで観察されたのかを一覧表示して、その発生頻度を把握する。

された」「5人中1人＝あるユーザで観察された」という意味です（※コラムも参照のこと）。

そこで、通常は**「1人、複数、全員（ほぼ全員）」という3段階で評価**します。例えば、被験者数が5人ならば「1人、2〜4人、5人」と分類して、10人ならば「1人、2〜8人、9〜10人」と分類します。この境界値は厳密なものではなく、問題点の発生頻度を見た上で「1人、2〜3人、4〜5人」などと変更する場合も少なくありません。

1/5と2/10 …Column

「1/5＝2/10」ではない――と言ったとすれば、皆さんは私（樽本）の基礎学力を疑うでしょう。もちろん、数学（算数）的には「1/5＝2/10＝0.2」です。しかし、ユーザビリティテストのデータ分析（質的データ分析）では「5人中1人＝10人中2人」ではありません。「1人」と「2人」には大きな“意味”の違いがあるのです。

- 「5人中1人」とは「あるユーザで観察された」という意味です。それは事実ではありますが、もしかすると、その時そのユーザだけで発生した事象（1事例）かもしれません。
- 「10人中2人」とは「複数のユーザで観察された」という意味です。それは偶然の一致かもしれませんが、もしかすると、それ以外のユーザでも発生し得る一般的な事象（パターン）かもしれません。

なお、この“意味”は分母（被験者数）に依存しません。つまり、「5人中1人」であっても「10人中1人」であっても「1人＝1事例」であることに違いはありませんし、「5人中2人」であっても「10人中2人」であっても「2人＝パターンの可能性」であることに違いはありません。ところが、これを比率（%）で解釈しようとすると、「5人中1人」と「10人中2人」が同じ「20%」になってしまって、本来の意味を見失ってしまいます。

⑤—インパクト分析

「問題の質」とは「効果・効率・満足度」のことです。効果問題とはユーザのタスク達成を困難にするような問題です。効率問題とはユーザを戸惑わせたり、無駄な操作を行わせたりするような問題です。満足度問題とはユーザが不満や不安を口にするような問題です。「効果問題＞効率問題＞満足度問題」の順番で評価します。

先ほどの**「発生頻度」と「問題の質」を掛け合わせる**と、発見された問題を9個のセルに分類できます。そして対角線上に並んだ問題点を同じレベルのインパクトであると定義すれば、一番左上の「すべてのユーザで観察された効果問題（優先順位1：最も重大な問題）」から、一番右下の「1人のユーザだけで観察された満足度問題（優先順位5：最も軽微な問題）」までの5段階で評価できるようになります。

	効果問題	効率問題	満足度問題
発生頻度：高	1	2	3
発生頻度：中	2	3	4
発生頻度：低	3	4	5

※セル内の数値は優先順位（問題の重大さ）

例えば、「優先順位1」と「優先順位2」は必ず解決すべき課題、「優先順位3」も出来る限り解決に取り組む課題と定義して、それらの解決の目処がついてから「優先順位4」や「優先順位5」の課題に取り組むようにすれば、問題点を効率よく処理できます。

なお、形成的評価を目的としたユーザビリティテストでは、解決する**問題点の数を絞り込む**のがコツです。テストで見つかったすべての問題点を解決しようとしても、現実には手が回りません。そこで、米国の有名なユーザビリティコンサルタントのスティーブ・クルーグが提唱するように、「1回のテストで解決する問題点はワースト10まで」といったような割切りが必要になります。そのためにも、観察された問題点の重大さを評価して“優先順位付け”することは重要です。

インパクト分析表
観察した問題点を９個のセルに分類して、優先順位（問題の重大さ）を明らかにする。

UX品質管理 ...Column

インパクト分析の結果には大きく２つのパターンがあります。１つは、左上（高頻度の効果問題）から右下（低頻度の満足度問題）にかけて付箋紙が全体的に数多く分布（特に中心部周辺に多い）しているという結果です（左図）。もう１つは、付箋紙の数が少なく、低頻度および満足度問題が主であるという結果です（右図）。

テスト結果は左図のようになることが多いはずです。高頻度の効果問題や多数の効率問題が観察された「利用品質が低い（使いづらい）」状態です。その後、反復デザインで製品を改善すると右図に近づいていきます。

ただし、どんなに反復しても「バグゼロ（問題点なし）」にはなりません。ユーザビリティテストでは“生身”のユーザを使うので、５人中１人くらいは常識外れの失敗をしたり、うっかり指が滑ったり、ちょっとした不満を述べたりする可能性はあるからです。

もし、バグゼロを目指すのであれば評価方法を変えましょう。つまり、小サンプルの形成的評価ではなく、大サンプルの総括的評価（A/B テストなど）を行うのです。そうすれば、僅かな違いでも比較評価で検出できるようになります。

	効果	効率	満足度
5/5			
4/5			
3/5			
2/5			
1/5			

	効果	効率	満足度
5/5			
4/5			
3/5			
2/5			
1/5			

インパクト分析結果のパターン
［左図］品質が低い（使いづらい）。［右図］品質が高い（使いやすい）。

❻—レポート

上記の手順（❶から❺）で5人分のデータを分析するための所要時間は2〜3時間です（観察中に「❶ポストアップ」と「❷マッピング」を済ませていれば、1時間以内で完了することも可能）。この時点で、見学者全員が問題点（実際のユーザの言動）を“目撃”して、問題点の優先順位付けも済んでいるので、すぐに解決案の検討に取り掛かれます。つまり、テスト結果を報告するための**レポートは不要**です。

何らかの理由で作成するとしても、**最小限のレポート**にとどめましょう。最小限とは——「タスク達成状況一覧表」と優先順位がついた「問題点リスト」、そして主な問題点が対応付け（マッピング）された「スクリーンショット」——A4用紙で数枚程度のレポートのことです。これに「見学セット（テスト参加者リスト＋インタビューガイド）」を添付します。この程度のレポートならば、分析が終わってから2〜3時間もあれば書き上げて関係者全員と共有できるでしょう。

さらに手間をかけるのであれば、レポートの枚数を増やすよりも**動画を作成する**方が効果的です。特に幅広い関係者を集めて「報告会」を実施する場合は、静止画（スクリーンショット）だけでなく、動画を含めた方が観客の興味を引けます。

ただ、報告会の会場で“生”の映像をそのまま上映することはお薦めできません。ユーザビリティテストの録画は「編集する前の映画」みたいなもので、そのまま普通の人に見せるべきものではありません。もし、そのまま上映したとすれば、1人分のビデオを上映し終える頃には、ほとんどの観客は居眠りをしていることでしょう。映像を見せる場合は必ず編集します。

代表的な方法は『**ハイライト・ビデオ**』を作ることです。タスクごとに最も代表的なユーザの行動を選んでつなぎ合わせたり、同じ場面で失敗する複数のユーザの映像をつなぎ合わせたりします。報告会の出席者は短時間で「おもしろい箇所（ユーザが失敗する場面）」だけを視聴することができます。

もう1つの方法は『**ウォークスルー・ビデオ**』を作ることです。これは1人のユーザが様々な問題点に次々と遭遇するという映像です。分析結果に基づいて、あなたが台本を書いて、それを同僚や知人に演じてもらって録画します。要するに「再現ビデオ」です。観客はこの再現ビデオを1本見るだけでテスト結果をすべて把握できます。

レポートよりも対話を ...Column

調査やテストと言えば「分厚いレポート」を連想する人が多いかもしれません。しかし、本当にそんなレポートは必要なのでしょうか。

ユーザビリティテストのレポートはソフトウェア開発のドキュメントと立場が似ているように思います。つまり、ソフトウェア開発において、どんなに詳細にドキュメントを作成しても、動くソフトウェアのリリースが約束されないのと同じように、どんなにテストレポートの枚数を増やしても、製品の利用品質向上が約束されるわけではないということです。

「情報を伝えるもっとも効率的で効果的な方法はフェイス・トゥ・フェイスで話をすることです」——これはアジャイルソフトウェア開発の教典である『アジャイル・マニフェスト』に掲げられている基本原則の1つです。既に現代のソフトウェア製品開発の現場では、文書の作成以上に直接の対話を尊重するようになっています。

私たちも、誰も読まない立派なレポートの作成に時間を費やすよりも、エンジニアやデザイナと一緒になって、重大な問題点の解決案を考えることにより多くの時間を費やすべきでしょう。

レポートよりも対話
製品開発の現場では、分厚い報告書よりも、直接“対話”するほうが効果的。

5-2
再設計

分析が完了してもユーザビリティテストは終わりではありません。ユーザビリティテストの目的は利用品質の改善です。問題点を解決しなければ、テストを行った価値はありません。

❶―問題解決の基本原則

◎問題→「原因」→解決

問題の解決方法を考える前に、その問題が発生した「原因」を考えましょう。例えば、「(ユーザは)[重要なお知らせ] を見逃した。(その原因は) バナー広告と勘違いしたから」「(ユーザは) パスワード入力を2度やり直した。(その原因は) パスワードがマスクされて確認できなかったから」といった感じで——。そのうえで、この「原因」を解決する方法を考えます。なお、1つの問題に対して原因は1つとは限りませんし、問題が発生した同一画面上に必ず原因がある訳でもありません。

◎発散させる

「誰か、良いアイデアはないのか！」——ひと昔前、会議の席上で、しびれを切らした上司が叫んでいたものです。でも、いきなり良いアイデアを出そうとしても無駄です。良いアイデアを出すには、まずは「良いか悪いかわからないアイデア」をたくさん出して、それから良いアイデアに絞り込むことです。これが、デザイン思考の基本原則である「発散と収束」です。革新的なアイデアは、この「発散と収束」を繰り返すことで生まれるのです。

◎大元を断つ

問題が10個あれば、その解決案も10個——そういった1対1の対応は、逆に事態を悪化させるかもしれません。個々の問題に1つずつ対症療法を施していくと、その製品のユーザインタフェースは“絆創膏”だらけになってしまいます。それは製品の複雑さを増して、結局、ユーザをさらに混乱させてしまうかもしれません。問題が10個あっても原因は10個とは限りません。原因を構造化して“根本原因”を突き止めれば、1つの解決策で複数の問題が解決できます。そして最も深刻な根本原因を解決できれば、製品の品質は飛躍的に向上します。

◎シンプルに

優れたアイデアは意外と単純なものです。多くの場合、新しく何かを作って製品に付け加えることは根本的な解決にはつながりません。それよりも何かを取り去ったり、位置や順番を少し変えたり、向きを調整したりといった「小さな変更が大きな成果を生む」のです。なお、アイデアが単純だからといって、必ずしも実装が簡単であるとは限りません。解決案を検討する際には、必ず実際の作業に携わる開発者やデザイナを交えて、実現可能性を含めて議論しましょう。

◎最善を尽くさない

新たな技術開発を伴うような“夢”のような解決案を考えたとしても、いつ

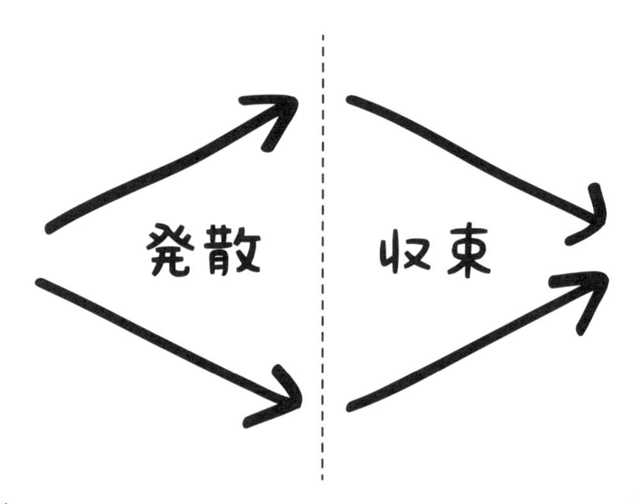

発散と収束
デザイン思考では、まず「良いか悪いかわからないアイデア」をたくさん出して、それから良いアイデアに絞り込む。

になったら実現できるかわかりません。それに「他に、もっと良いアイデアがあるのでは？」と思っていると、意思決定を先延ばしにしがちです。ユーザビリティテストにおける解決案とは、今晩もしくは明日、遅くとも来週中には実装が完了できるような内容であるべきです。「最善を尽くす」よりも「今、自分たちができること」を現実的に議論しましょう。

小さな変更、大きな成果 ...Column

ユーザインタフェースのちょっとした違いがユーザエクスペリエンスを大きく左右するというのは真実です。UX デザイナ達の奮闘の事例をいくつか紹介しましょう。

◎一目瞭然

読みがわからない漢字を専用の枠に手書きすると、その字形を認識して、候補の漢字を一覧表示してくれる「手書き文字入力」は IME に搭載されている便利な機能です。しかし、その試作品の段階では、ユーザは何をしてよいのか全く分からなかったり、1 文字しか入らない入力欄に複数の文字を書こうとしたりしました。何度も試作を繰り返した結果、最終デザインでは、手書き入力枠に最初から「う冠」を表示して漢字の候補一覧も表示しておくというものになりました。
（出典：黒須正明（編著）:『ユーザビリティテスティング』、共立出版、2003 年）

◎ 13 度の傾き

JR 東日本の Suica 自動改札機の開発では、最初の試作機ではちゃんと改札を通れない人が半数近くに上りました。非接触型 IC カードの使用経験がなかった当時の人は、カードを当てる場所の見当さえつかず、アンテナの上で一瞬カードを止めるといったコツも知らなかったからです。試行錯誤してわかった解決策はシンプルでした。「手前に少し（13 度）傾いている光るアンテナ面」――つまり現在の読み取り機の形状。それだけで読み取り率は劇的に向上したのです。
（出典：山中俊治：『デザインの骨格』、日経 BP 社、2011 年）

◎ 2 つの単語

ある贈り物サイトでは深刻な問題が起きていました。送り主欄と受取人欄を間違えて入力するユーザが続出したのです。そこでデザイナは入力フォームを分割したり、サーバ上で自動検証するルールを追加したりといった多くの案を出しました。その中で最も上手くいったのは最も単純なものでした。入力項目のラベルに “Your” と “Their” という 2 つの単語を加える――つまり送り主は“Your First Name,”“Your Last Name,”“Your Address,”そして受取人は“Their First Name,”“Their Last Name,”“Their Address”。それだけで問題は完全に解決したのです。
（出典：Whitney Quesenbery et. al:『Storytelling for User Experience』, Rosenfeld Media, 2011」）

❷—問題解決ブレスト

解決案は1人で考えるものではありません。優れた分析者が必ずしも優れたデザイナである訳ではありませんし、一見シンプルなアイデアであっても、その実装には技術的な困難が伴うかもしれません。そこで、プロダクトマネージャ、開発者、デザイナなどの主な関係者に参加してもらって、問題解決のための『ブレインストーミング（ブレスト）』を開催します。

テストを見学していない参加者がいる場合は、事前に（最小限の）レポートを渡して読んでおいてもらいましょう。そして、もし、分析結果に疑問があるようであれば、事前に調整を完了しておくようにします。ブレストの場で「何が問題か？」「どの問題が重大か？」を改めて議論するようでは話が前に進みません。ブレストの場では「解決案」の議論に集中しましょう。

問題解決ブレストは以下の手順で進めます。

1. 司会役がテーマ（問題点）を提示する。原則として最も重大な問題（高頻度の効果問題）から始める。
2. 出席者は自由にアイデア（解決案）を出す。ブレストの基本ルール（批判厳禁、質より量など）を順守するように！
3. アイデアが出尽くしたら記録する（ホワイトボードの写真を撮る等）。
4. 司会役が次のテーマを提示する。用意したテーマがなくなるまで2.～4.を繰り返す。
5. 解決案リストを作成する。

ブレストはたくさんのアイデアを生み出すことが目的なので、1つの問題点に対して複数の解決案を出します。しかし、最終的には1つの解決案に絞り込まないといけません。その場で投票などを行って意思決定することもできますが、責任者（プロダクトマネージャ、チーフエンジニア、チーフデザイナなど）に解決案リストを渡して最終決定を委ねることもできます。

なお、ユーザビリティテストで見つかる問題点の多くはユーザインタフェースやインタラクションに関するものです。そのような問題を議論する時には、必ず**“絵”で議論する**ようにしてください。言葉だけで議論するよりも、「ここを」と具体的に指さしたり、「こんな風に」と線画を描いたりしながら議論する方がはるかに効率的です。

例えば、スクリーンショットを拡大印刷して会議室の壁に掲示したり、プロジェクタでホワイトボードに画面を投射したりします。ブレストの参加者は、スクリーンショットの上に具体的なアイデアをポストイットに書いて貼りつけたり、ホワイトボードに投影された画面に直接アイデアを書き込んだりします。そして、一通り議論が済んだら、たくさんアイデアが書き込まれた壁やホワイトボードを写真に撮れば、それがそのまま議事録になります。

ブレスト4原則＋3 ...Column

ブレインストーミング（ブレスト）は、米国の広告会社の役員であったアレックス・オズボーンが1950年代に発表した古典的な手法ですが、今でも小学校の教室から大企業の役員室まで至るところで利用されています。特に米国のデザイン会社IDEO（アイディオ）が、ブレストを活用して大きな成果を上げていることはよく知られています。

ブレストは発想法というよりも、自由な発想を妨げない「場づくり」といった方が正しいかもしれません。そのような“場”を実現するための有名なルールがあります。

1. **批判厳禁**：普通の会議では、他の参加者からの厳しい批判に打ち勝ったアイデアだけが採用されますが、ブレストでは反対意見は絶対禁止です。つまり、自らは発案せず反対意見しか出さないような人は不要なのです。この原則があるおかげで、無駄な議論に陥って時間を浪費する心配はありません。

2. **自由奔放**：ブレストではどんなに突飛なアイデア（実現不可能なアイデア含む）でも受け付けます。もしかすると、突飛だと思っているのは発言者本人だけであって、本当は一工夫すれば実現可能かもしれません。また、その突飛なアイデアが他の人のインスピレーションをかき立てるかもしれません。
3. **質より量**：「量より質」の間違いではありません。ブレストでは、練りに練ったアイデアを1つ出すよりも、稚拙でも中途半端でも構わないので、とにかく数多く発案することを重視します。たとえ中途半端なアイデアでも、後半部分を他の参加者が付け足してくれれば完成します。「量は質を生む」のです。
4. **便乗歓迎**：ブレストでは、人のアイデアに付け足したり、ちょっとだけ改変したり、複数のアイデアをくっつけたりして、それを自分のアイデアとして発表して構いません。オリジナルの発案者に全く遠慮はいりません。発想の世界では「1+1=3」なのですから。

上記4つがオリジナルのルールですが、IDEOではさらに3つのルールを追加しています。

5. **視覚化**：言葉に頼らず、なるべく絵を描きます。上手・下手に関わらず、フローチャート、グラフ、イラストなどを描きながら話した方が自分のアイデアを他の参加者に理解してもらいやすくなります。
6. **脱線禁止**：自由奔放であるといっても、それは議論のテーマの範囲内での話です。もし、テーマから外れた発言があった場合は、即刻却下しないと議論が的外れな方向に向かってしまいます。
7. **一度に1人**：他の参加者が発言している間は、他の参加者は真剣に耳を傾けます。話に割り込んだり、からかったりするのは厳禁です。政治家・評論家・タレント等によるテレビの討論番組のような“混沌”とした状況は、アイデアを生むのに適した環境ではありません。

残念ながら、実際には、これらの基本ルールを無視した「ブレストという名の普通の会議」が広く行われています。イノベーションを起こすための新プロジェクトを始める前に、まず、ルールを守った「普通のブレスト」が行えるようになりましょう。

❸—デザインスタジオ

デザイン思考の基本原則は「発散と収束」——これをシステマチックにしたのが『デザインスタジオ（Design Studio）』というワークショップです。デザインスタジオの手順に従えば、誰でも「発散と収束」が自然と行えます。特にチームで課題解決に取り組むのに最適な手法です。例えば、6人でデザインスタジオを行うとすれば、以下のような手順になります。

1. **課題の定義**

　発想を始める前に「何を解決するのか」を明らかにします。当たり前のように思うかもしれませんが、実は問題点の共有ができていないチームは意外と多いのです。デザインスタジオでは1ラウンドで1課題しか取り組めません。テストで発見された問題の中から「重要」かつ「難問」に絞り込みましょう。

2. **個別に発想**（3分）

　まず全員が個別に発想します。この段階では「質より量」を追求します。A4用紙を六等分した「6-up」を用いて、なるべく多くのアイデアを出すようにします。実際にやってみると分かりますが、3個まではアイデアのバリエーションで済みますが、4個以上出そうとすると発想の転換を必要とします。

3. **発表**（90秒×6人＝9分）

　個別に発想した内容を他のメンバーに手短にプレゼンテーションします。この時の原則は「批判厳禁」です。今は多様なアイデアを出す段階です。どのアイデアが優れているかを判断するときではありません。

4. **二人一組で発想**（5分）

　全員のアイデアが出揃ったら、次は、二人一組になって改めて発想します。今度は2人で1つのアイデアを出します。この時、6-upで出た他の人のアイデアも自由に参照・改変して使用して構いません。デザインスタジオではアイデアは誰のものでもありません。チーム全員のものなのです。

5. **発表**（3分×3組＝9分）

　2人で考えた1つのアイデアを他のメンバーにプレゼンテーションします。アイデアを売り込むのではなく、なぜそのようなデザインに達したのか、その背景や意図について説明するようにします。

6. **全員でアイデア取りまとめ**（10分）

　提示された3つのアイデアを1つの最終案に取りまとめます。思考モードを「デザイン思考」から「批判的思考」に切り替えて、それぞれのデザインの良い点・悪い点を議論します。投票で1つに絞るという方法もありますが、それよりも、それぞれのアイデアの良いところを組み合わせて、新たなデザインに統合する方が良い結果につながります。

このように、デザインスタジオでは最初に30個以上の多様なアイデアが出て、その後徐々に絞り込まれて、最終的にチームとしての意思決定に至ります。その間わずか「40分」。つまり、約2時間あれば「ワースト3」の難問をすべて解決できてしまいます。

デザインスタジオ
最初は1人で6個、次に2人で1個、最後に全員で1個のアイデアを出す。

④—反復デザイン

どんなに優れた（ように見える）解決案であっても、それは“仮説”に過ぎません。解決案は必ず実装またはプロトタイピングして、改めてユーザビリティテストで検証します。このような「試作とテストの繰り返し」こそが利用品質の飛躍的な向上をもたらすのです。

5ユーザテストの提唱者であるヤコブ・ニールセンも繰り返しテストすることを推奨しています。例えば、15人のテストをする予算があるのならば、15人を対象にしたテストを1回行うよりも、**5人ずつ3回テストを行う**のです。

一度に15人をテストするということは、開発チームにとってチャンスは一度しかないということです。試行錯誤する余地はありません。このテストを通過しないと予定通りに製品をリリースすることができなくなるかもしれないという状態で、15人のユーザから次々と“ダメ出し”されるとチームは途方に暮れてしまいます。

繰り返しテストを行う場合、1回目のテストで大きな衝撃を受けることに変わりはありませんが、チームにはチャンスがまだ2回残っています。1回目のテスト結果を踏まえ、開発チームはユーザが誤解した原因を分析して新たなデザインを発想します。2回目のテストでは解決案のいくつかは上手く機能しますが、まだユーザを完全に理解できていないことを痛感する場面も観察されます。これら2回の経験を踏まえてチームは3回目のデザインに挑戦します。その結果、3回目のテストではほとんどの問題点が解決できていることが確認できます。

小規模なテストを繰り返し実施するということは、チームは**継続的にユーザと対話を行う**のと同じです。問題点の改善を図るだけでは一方通行のコミュニケーションに終わり、作り手の勝手な思い込みによるデザインを排除できません。解決案をもう一度テストすることで、自分たちのアイデアの「何が上手くいって、何が外れたのか」が明らかになり、より深くユーザを理解できるようになるのです。

また、テストを繰り返している間にチームの腕前も上達します。最初は解決案の“打率”が5割程度のチームであっても、3回目のテストが終わる頃にはほとんどの問題点を解決できるようになります。

反復デザイン
試作とテストの繰り返しが利用品質の飛躍的な向上をもたらす。

❺ — RITE メソッド

小規模なテストと再設計を繰り返し実施する反復デザインは、ヤコブ・ニールセンがディスカウント・ユーザビリティ工学を提唱した 1990 年代前半には、画期的なアイデアでした。しかし、現代のソフトウェア製品開発の現場では、それでも“重い”のです。

5 ユーザテストで UI を改善するプロセスは以下のようになります。

1. 5 人テストする。
2. データを分析する。

3. 発見された問題点に対する解決案を発想する。
4. UI を修正する。
5. 5 人テストする（解決案の検証と新たな問題発見）。
6. 問題解決と問題発見を繰り返す。

意外にも「5 人」がボトルネックになります。なぜならば、実際にはもっと少ない人数を観察した時点で問題点が明らかになる場合が少なくないからです。多くの場合、「3 人」観察すれば問題点のおおよその見当はつきます。ところが、ニールセンの手法に実直に従えば、問題発見の精度を保証するために、5 人分のデータが集まるまで次の行動に移れません。

そこで、反復をさらに高速化した手法が考案されました。それが『RITE（Rapid Iterative Testing and Evaluation）メソッド』です。この手法は米マイクロソフト社のゲーム開発部門で 1990 年代後半に確立しました。彼らは「エイジ・オブ・エンパイアⅡ」（1999 年発売）のチュートリアルの開発にこの手法を活用しました。

その最大の特徴は**テストと UI 変更の高速反復**です。RITE メソッドでは、たとえ「1 人」の観察結果であっても、問題点が明白になった時点で改善に取りかかります。そして、次のユーザに修正した新しい UI を提示してテストを続けます。これを繰り返すと、十数名のテストが終わる頃には、ユーザビリティ問題はすべて発見・解決されているのです。

従来、ユーザビリティの専門家は「何人のユーザをテストすれば、何パーセントの問題が発見できるのか」という“精度”の議論を延々と繰り返してきました。しかし、どんなに多くの問題点を発見できたとしても、それらを修正できなければ意味はありません。そこで、RITE メソッドでは発想を転換しました。つまり、**問題発見よりも問題解決に価値を置く**ことにしたのです。

問題を発見したら（なるべく）早く直す――この原則に基づいていれば、RITE メソッドは形式に囚われるものではありません。5 人のテストと 5 回の

UI 変更を1日で行う場合もあれば、2〜3人テストしてUI変更することを数日間で数回繰り返す場合もあります。テスト対象も開発初期段階のプロトタイプの場合もあれば、製品の仕上げ段階の場合もあるでしょう。

そもそも私たちの目的は“立派なテスト”を実施することではありません。私たちの目的は“高品質な製品”を開発することです。ユーザビリティテストはそのための手段の1つに過ぎません。ですから、どんなに少規模で簡易的な内容のテストであったとしても、製品の利用品質向上に貢献すれば「それで十分」なのです。

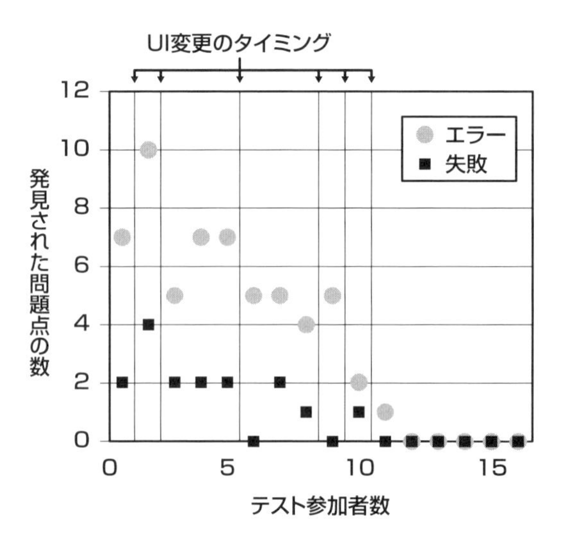

RITE メソッド
この例では合計16名テストする間（約2週間）にUIを6回変更している。なお、「エラー」とは「効率問題」を、「失敗」とは「効果問題」を指している。
引用元：Michael C. Medlock 他 “Using the RITE method to improve products; a definition and a case study”

章末 Column Excel で UX 統計学

①統計的検定

「この製品の品質は指標（ベンチマーク）を上回っているか？」「他の製品と比較して品質は優れているか？」――このような“問い”に答えるのが「総括的評価」です。

総括的評価としてよく行われるのは、**2 種類の製品や UI を比較する**というユーザビリティテストです。例えば、ある製品の新旧 2 つのバージョンをテストして、タスク達成時間や主観的評価などを測定・分析して、旧バージョンと比べて「新バージョンの方が優れている」と結論づけるといったものです。

そのような比較評価を行う際に用いる分析手法が『**統計的検定**』です。例えば、タスク達成時間や主観的評価ならば「t 検定」を、またタスク達成率やコンバージョン率ならば「比率の検定」を用います。

このような統計的検定は専用の「統計解析ソフトウェア」を使って行いますが、私たちが普段使っている Excel にも「**統計関数**」や「**分析ツール**」が標準搭載されているので、それらを使って手元のデータを手軽に分析してみることも可能です。

②分析ツール

分析ツールは Excel で統計学的分析や工学的分析を行うためのアドイン・ソフトウェアです。ダイアログボックス上でデータ範囲とパラメータを指定するだけで計算結果がワークシートに出力されます。

分析ツールは以下の手順で Excel に読み込んで使用します。

1. ［ファイル］タブをクリックします。［オプション］をクリックし、［アドイン］カテゴリをクリックします。
2. ［管理］ボックスの一覧の［Excel アドイン］をクリックし、［設定］をクリックします。
3. ［アドイン］ボックスで、［分析ツール］チェックボックスをオンにし、［OK］をクリックします。
4. ［データ］タブの右端にある［分析］グループに［データ分析］が追加さ

れます。

5. ［データ分析］をクリックすると分析ツールが起動します。

分析ツールには 19 個の分析手法が含まれていますが、その中で統計的検定に関する手法は以下の 8 個です。

- 分散分析（一元配置）
- 分散分析（繰り返しのある二元配置）
- 分散分析（繰り返しのない二元配置）
- F 検定（2 標本を使った分散の検定）
- t 検定（一対の標本による平均の検定）
- t 検定（等分散を仮定した 2 標本による検定）
- t 検定（分散が等しくないと仮定した 2 標本による検定）
- z 検定（2 標本による平均の検定）

③分析例

統計的検定の理論的解説は本書のスコープを超えるので省略します。ここでは、「どのようなデータを、どの手法を使って、どのように分析するのか」を例題形式で紹介します。

【例題 1】 ある製品の新旧 UI デザインを比較するためにユーザビリティテストを行いました。あるタスクの達成時間（単位：秒）を測定して、旧デザインは 11 人、新デザインは 9 人から以下のような結果が得られました。2 種類のデザインのタスク達成時間は異なると言えるでしょうか？（※有

意水準は5%とします）

・旧デザイン：18、44、35、78、38、18、16、22、40、77、20
・新デザイン：12、35、21、9、2、10、5、38、30

（引用元：Jeff Sauro（著）、James R Lewis（著）：『Quantifying the User Experience』、Morgan Kaufmann、2012年）

〈解答例〉

独立した2標本の平均値の差を検定するので「2標本のt検定」を行います。

① **F** 検定

2標本のt検定では「等分散」と「等分散でない」場合で使う手法が変わります。そこで、まず「等分散性の検定」を行います。分析ツールでは「F検定（2標本を使った分散の検定）」、関数では「F.TEST」を使用します。

◎分析ツールの主な指定内容

- 変数1の入力範囲：旧デザインのデータリスト
- 変数2の入力範囲：新デザインのデータリスト
- α：0.025（※5%の半分）

◎出力例

	旧	新
平均	36.90909	18
分散	502.0909	181
観測数	11	9
自由度	10	8
観測された分散比	2.773983	
P(F<=f) 片側	0.080792	
F 境界値 片側	3.347163	

◎結論

分析ツールでは片側確率しか出力されないので 2 倍して両側確率を求めます。すると P 値（両側）は「0.1615＝約 16%」です。事前に設定した有意水準 5% よりも「大きい」ので、2 つの分散は「同じである」と言えます。

② t 検定

等分散であることが確認されたので、次に「2 標本の t 検定（等分散）」を行います。分析ツールでは「t 検定：等分散を仮定した 2 標本による検定」、関数では「T.TEST」を使用します。

◎分析ツールの主な指定内容

- 変数 1 の入力範囲：旧デザインのデータリスト
- 変数 2 の入力範囲：新デザインのデータリスト
- 仮説平均との差異：空欄または 0
- α：0.05

◎出力例

	旧	新
平均	36.90909	18
分散	502.0909	181
観測数	11	9
プールされた分散	359.3838	
仮説平均との差異	0	
自由度	18	
t	2.219187	
P(T<=t) 片側	0.019782	
t 境界値 片側	1.734064	
P(T<=t) 両側	0.039564	
t 境界値 両側	2.100922	

◎結論

P 値（両側）は「0.039＝約 4%」です。事前に設定した有意水準 5%よりも

「小さい」ので、2 種類のデザインのタスク達成時間は「同じではない＝異なる」と言えます。つまり「**新デザインの方がタスク達成時間は短い（優れている）**」と言えます。

【備考】 ここではオーソドックスに「F 検定」→「t 検定」という 2 段階で分析しましたが、近年は F 検定は行わず、最初から「ウェルチの t 検定」を行うことが多いようです。分析ツールでは「t 検定：分散が等しくないと仮定した 2 標本による検定」を使います。ただし、分析ツールでは調整済み自由度の小数点以下を四捨五入しているので、出力される P 値は厳密に言えば正確ではありません。（なお、T.TEST 関数は調整済み自由度に基づいた正確な P 値を出力します。）

【例題 2】 10 人のユーザに 2 種類の製品を使ってタスクを実行してもらい、テスト後に主観的満足度（5 段階評価：1 が最低～5 が最高）を尋ねたところ、以下のようなデータが得られました。2 つの製品の満足度は異なると言えるでしょうか？（※有意水準は 5%とします）

ユーザ	製品 A	製品 B
P1	2	3
P2	1	2
P3	3	4
P4	5	5
P5	4	5
P6	2	3
P7	1	2
P8	3	4
P9	2	2
P10	1	2

（引用元：Bill Albert（著）、Tom Tullis（著）：『Measuring the User Experience（2nd Edition）』、Morgan Kaufmann、2013年）

〈解答例〉

一対の標本の平均値の差を検定するので「一対の標本の t 検定」を行います。

Excel の分析ツールでは「t 検定：一対の標本による平均の検定ツール」、関数では「T.TEST」を使用します。（なお、一対の標本の場合は「等分散性の検定」は不要です。）

◎分析ツールの主な指定内容

- 変数 1 の入力範囲：製品 A のデータリスト
- 変数 2 の入力範囲：製品 B のデータリスト
- 仮説平均との差異：空欄または 0
- α：0.05

◎出力例

	製品A	製品B
平均	2.4	3.2
分散	1.822222	1.511111
観測数	10	10
ピアソン相関	0.950817	
仮説平均との差異	0	
自由度	9	
t	-6	
P(T<=t) 片側	0.000101	
t 境界値 片側	1.833113	
P(T<=t) 両側	0.000202	
t 境界値 両側	2.262157	

◎結論

P 値（両側）は「0.0002＝0.02%」です。事前に設定した有意水準 5%よりも「小さい」ので、2 つの製品の満足度は「同じではない＝異なる」と言えます。つまり「**製品 B の方が満足度は高い**」と言えます。

【例題 3】 12 人のユーザでユーザビリティテストを行い、テスト後にシステムユーザビリティ・スケール（SUS）に回答してもらい、以下のようなスコアが得られました。この製品のスコアはSUSの平均値（68）を上回っていると言えるでしょうか？（※有意水準は5%とします）

90、77.5、72.5、95、62.5、57.5、100、95、95、80、82.5、87.5

（引用元：Jeff Sauro（著）、James R Lewis（著）：『Quantifying the User Experience』、Morgan Kaufmann、2012年）

〈解答例〉

ある指標（ベンチマーク）と比較する検定を「1標本のt検定」と言います。この手法は分析ツールや統計関数に含まれていませんが、データの入力を工夫すれば「t検定：分散が等しくないと仮定した2標本による検定」（ウェルチのt検定）を使って分析できます。（なお、「t検定：一対の標本による平均の検定ツール」を使っても同じ結果が得られます。）

◎データ入力例

SUSスコア	指標
90	68
77.5	68
72.5	68
95	68
62.5	68
57.5	68
100	68
95	68
95	68
80	68
82.5	68
87.5	68

◎分析ツールの主な指定内容

- 変数1の入力範囲：SUSスコアのデータリスト

- 変数 2 の入力範囲：指標のデータリスト
- 仮説平均との差異：空欄または 0
- α：0.05

◎出力例

	SUSスコア	指標
平均	82.91667	68
分散	182.7652	0
観測数	12	12
仮説平均との差異	0	
自由度	11	
t	3.82222	
P(T<=t) 片側	0.001416	
t 境界値 片側	1.795885	
P(T<=t) 両側	0.002832	
t 境界値 両側	2.200985	

◎結論

ここでは指標を「上回っているかどうか」を検定しているので「片側検定」を行います。P 値（片側）は「0.0014 ＝約 0.1%」です。事前に設定した有意水準 5%よりも「小さい」ので指標を「超えている」と言えます。つまり「**この製品の SUS スコアは平均値（68）を上回っている**」と言えます。

【例題 4】 リモート UX リサーチ（リモート・ユーザビリティテスト）を行って 2 種類のデザインのタスク達成状況を測定したところ、以下のような結果が得られました。タスク達成率は 2 種類のデザインで異なると言えるでしょうか？（※有意水準は 5%とします）

・デザイン A：60 人中 40 人が達成（67%）
・デザイン B：35 人中 15 人が達成（43%）

（引用元：Jeff Sauro（著）、James R Lewis（著）：『Quantifying the User Experience』、Morgan Kaufmann、2012 年）

〈解答例〉

「比率の差の検定」は分析ツールに含まれていないのでセルに数式を入力して計算します。

◎分析手順

1. 集計表を作成する。
2. 統計量を計算する。
   2.1. 分子の値を算出する。
   2.2. 分母の値を算出する。
   2.3. 統計量 z の値を算出する。
3. NORM.S.DIST 関数を使って P 値を算出する。

◎出力例（※参考のためにセル内の数式を表示）

	A	B	C	D	E	F
1		達成数	測定数	達成率		
2	デザインA	40	60	0.666667		
3	デザインB	15	35	0.428571		
4	合計	55	95	0.578947		
5						
6	分子	0.238095	=D2-D3			
7	分母	0.105012	=SQRT(D4*(1-D4)*(1/C2+1/C3))			
8	統計量z	2.26731	=B6/B7			
9						
10	P値（片側）	0.011686	=1-NORM.S.DIST(B8,TRUE)			
11	P値（両側）	0.023371	=B10*2			

◎結論

P 値（両側）は「0.023＝約 2%」です。事前に設定した有意水準 5%よりも「小さい」ので、2 種類のデザインのタスク達成率は「異なる」と言えます。つまり、「デザイン A の方がタスク達成率は高い」と言えます。

④統計解析ソフトウェア

手元のデータを“試し”に分析してみる程度ならば Excel の分析ツールでも構いませんが、正規の研究や業務で分析するのならば、専用の統計解析ソフトウェアを使用することをお薦めします。「統計解析ソフト」で検索すれば多くの製品が見つかると思いますが、その中でも特徴のある 3 製品を紹介しておきます。

- **SPSS**：統計解析の「世界標準ソフトウェア」のひとつ。特に社会科学系（心理学、社会学など）で人気があり、その分野で学術論文を書くのならば必須かも。値段が高いのが玉に瑕。開発・販売は IBM。
- **R**：統計解析の「オープンソース・フリーウェア」。無料だけれど機能性・信頼性ともにトップクラス。ただ、コマンドラインで操作するのでとっつきにくい。エンジニアやデータサイエンティストに人気。
- **エクセル統計**：Excel に統計解析機能を追加する「アドイン・ソフトウェア」。Excel 上で多様な分析が手軽に行えるので、教育やビジネスの現場で人気がある。統計解析ソフトには珍しく純日本製。開発・販売は社会情報サービス。

なお、統計解析ソフトウェアは「計算の道具」に過ぎません。適切な実験を計画して、適切にデータを収集して、適切な分析手法を選択して、適切にデータ分析して、適切に結果を解釈するのは、すべて分析者の役目です。ソフトウェアの購入を検討する前に、まず「統計学（またはデータサイエンス）」を学ぶ必要があります。

Chapter

UT ちょい足しレシピ集

6-1 質問紙法

ユーザビリティを量的（定量的）に把握する場合、「効果」はタスク達成率、「効率」はタスク達成時間を測定すれば明らかになりますが、「満足度」は主観的評価質問を用意して、タスク後またはテスト後にユーザから回答を得ます。このような主観的評価質問は既存の顧客満足度調査の項目をベースに独自に作成してもよいのですが、もっと信頼性の高い、専用の『ユーザビリティ質問紙（Usability Questionnaire）』というものがあります。

❶—SUS（サス）とは

「QUIZ」「SUMI」「PSSUQ」などユーザビリティ質問紙の多くは海外で開発されています*。その中でも、最も広く利用されているのが『**システムユーザビリティ・スケール**（SUS: System Usability Scale）』です。

SUSは、英国のデジタル・イクイップメント社（DEC）のジョン・ブルックによって1986年に開発され、その後1996年に一般公開されました。5段階評価10問と手軽な分量で回答するユーザの負担が小さく、簡単にスコアが計算できて、なにより“無料”で使用できるので、今もなお人気のある質問紙です。

開発者のジョン・ブルック自身は、SUSのことを「Quick and Dirty（手軽で難あり）」と謙遜していますが、30年以上の実績の積み重ねから、実務者の間では「Quick and Not So Dirty（手軽で悪くない）」と高く評価されています。

＊日本製の質問紙の例としては2001年にイードと富士通が共同で開発した『ウェブユーザビリティ評価スケール（WUS: Web Usability evaluation Scale）』があります。

❷—SUSの使い方

SUSは「**テスト後質問紙**（Post-test Questionnaire）」です。つまり、すべてのタスクが終わった後（事後インタビューの前）に、ユーザに質問用紙を渡して記入してもらいます。ユーザにはあまり考え込まず、直観的に回答してもらうようにします。

そして、必ず10問すべてに回答してもらいます。もし、回答に迷った場合は「3」を選択してもらうようにしましょう。

SUS記入終了後は、普通に事後インタビューや質疑応答を行います。また、NPS（ネット・プロモーター・スコア）のような他の質問紙を併用しても構いません。ちなみに、SUSとNPSの間には比較的強い相関（相関係数：0.623）があるとされています。

❸—SUSスコアの計算

SUSは「1：全くそう思わない」から「5：非常にそう思う」までの5段階評価の質問10個で構成されています。問1、3、5、7、9は「正問（肯定形）」、問2、4、6、8、10は「反問（否定形）」です。そこで、各項目のスコア（最小0〜最大4）は以下のように計算します。

- **正問のスコア＝回答の数値から1を引く**
- **反問のスコア＝5から回答の数値を引く**

各項目のスコアを算出したら、それらを**合計して2.5倍**します。最大値を「100」にするためです。つまり、SUSスコアは学校のテストの点数のように「最小0点〜最大100点」になります。

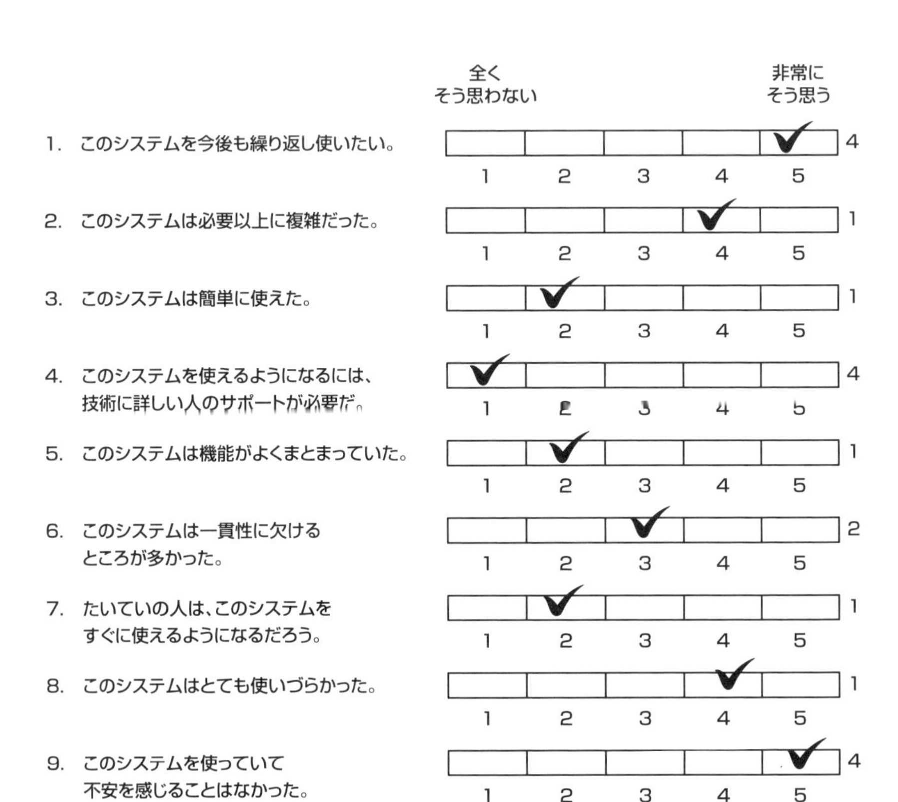

SUS スコアの計算例
問 1～10 のスコア合計＝22　SUS スコア＝22×2.5＝55
引用元：John Brooke「SUS - A quick and dirty usability scale」1996

❹—SUS スコアの解釈

SUS スコアは何点取れば良いのでしょうか——。量的 UX リサーチの第一人者であるジェフ・サウロの研究によれば、SUS の**平均値は 68 点**（標準偏差 12.5）です。また、B2C ソフトウェアの平均は 74、ウェブサイトは 67、携帯電話は 64.7……といった製品タイプ別の平均値も発表されています。

同じくジェフ・サウロがSUSスコアの分布から導き出した**5段階グレード**は以下のとおりです。仮に、20人のユーザでテストして、そのSUSスコアの平均値が「55点」だったとすれば、その製品の評価は「D」ということになります。

- Aランク（15%）：78.9点以上～100点以下
- Bランク（20%）：72.6点以上～78.8点以下
- Cランク（30%）：62.7点以上～72.5点以下
- Dランク（20%）：51.7点以上～62.6点以下
- Fランク（15%）：0点以上～51.6点以下（Failure：不合格）

⑤—日本語訳

SUSは英語（英国）版だけです。残念ながら公式の日本語版はありません。そのため、様々な翻訳のバリエーションがあります。参考までに原文と2種類の訳文を掲載しておきます。（なお、「システム」という単語は「ウェブサイト」「アプリ」「製品」などに置き換えが可能とされています。）

原文	例1[*1]	例2[*2]
1. I think that I would like to use this system frequently.	このシステムをしばしば使いたいと思う。	このシステムを頻繁に利用したいと思う。
2. I found the system unnecessarily complex.	このシステムは不必要なほど複雑であると感じた。	このシステムは必要以上に複雑だと思った。
3. I thought the system was easy to use.	このシステムは容易に使えると思った。	このシステムは容易に使いこなせると思った。
4. I think that I would need the support of a technical person to be able to use this system.	このシステムを使うのに技術専門家のサポートを必要とするかもしれない。	このシステムを利用するには専門家のサポートが必要だと思う。

5. I found the various functions in this system were well integrated.	このシステムにあるさまざまな機能がよくまとまっていると感じた。	このシステムにあるいろいろな機能はよくまとまっていると思った。
6. I thought there was too much inconsistency in this system.	このシステムでは、一貫性のないところが多くあったと思った。	このシステムには一貫性のないところが多すぎると思った。
7. I would imagine that most people would learn to use this system very quickly.	たいていのユーザは、このシステムの使用方法について、とても素早く学べたろう。	たいていの人は、このシステムの使い方をすぐに理解すると思う。
8. I found the system very cumbersome to use.	このシステムはとても扱いにくいと思った。	このシステムはとても扱いにくいと思った。
9. I felt very confident using the system.	このシステムを使うのに自信があると感じた。	このシステムを利用する自信がある。
10. I needed to learn a lot of things before I could get going with this system.	このシステムを使い始める前に多くのことを学ぶ必要があった。	このシステムを使い始める前に多くのことを学んでおく必要があると思った。

引用元：*1　山岡 俊樹（著）:『ヒューマンデザインテクノロジー入門』、森北出版、2003 年
*2　黒須 正明（著）:『人間中心設計における評価』、近代科学社、2019 年

6-2 共同発見法

❶—2人のユーザ

ユーザビリティテストは司会者とユーザが1対1で行うのが原則です。しかし、2人のユーザ（司会者1人とユーザ2人）でテストするという方法もあります。なぜ2人でテストするのかといえば、2人で相談しながらタスクに取り組んでもらえば、会話という形で**良質な発話プロトコルが得られる**からです。これを『共同発見法（Co-discovery Method）』といいます。

デジタルコピー機のユーザビリティテストにおける共同発見法による発話プロトコル例：

ユーザ1	ユーザ2
これは何て言うんだ、これ、変倍…何これ？	
	141%でいいんじゃない。
(141%キーを押す)	
これは、何…	
	で、A4で
(A4キーを押す)	
これは、何て言うんですか？	
	これ、エリア。
それどっかで選ぶんでしょ。	
	エリア指定して
これ？	
	うん
(エリアキーを押す)	

引用元：海保 博之（著、編集）、原田 悦子（編集）：『プロトコル分析入門』、新曜社、1993年

❷—共同発見法の実施

共同発見法は、「ユーザが２人」である以外は、通常のユーザビリティテストと実施方法に大差はありません。唯一の違いは「司会者の心得」です。思考発話法では、司会者はユーザの発話を促すための問いかけを随時行いますが、共同発見法では、**司会者はタスクの提示が終わったら後は一切介入してはいけません**。司会者が介入すると１対２の会話（＝小人数のグルイン）に陥ってしまいます。

共同発見法は優れた結果（リアルで豊富な発話）が得られる手法なのですが、現実にはあまり利用されていません。それは、現場では使いづらいからです。

- まず、共同発見法は**２人のユーザが対等な関係**でないと上手くいきません（一番いいのは「ドライバとナビゲータ」の関係）。しかし、初対面の人同士でそういった人間関係を築くのは簡単ではありません。往々にして、どちらかのユーザが主導権を取ってしまって、もう一方のユーザは横で見ているだけという状態に陥ってしまいます。
- また、共同発見法はコストがかかる手法です。１セッションにつき２人必要なので、当然ながら**リクルート費用や謝礼は２倍**かかります。さらに遅刻や欠席のリスクも２倍になります（遅刻や欠席があった場合は、１対１のテストに変更して実施するという妥協策もありますが）。

共同発見法は「当たり外れ」が大きい手法です。その成否は２人のユーザの相性にかかっています。そのため、全くの他人を２人リクルートしても上手くいきません。それよりも、まず１人リクルートして、その友達や知人を誘って来てもらうほうが成功率は上がります。共同発見法は**通常のテスト以上にリクルートが重要**になります。

2人のユーザによる発話
共同発見法は生き生きとした自然な発話を生み出す。

6-3
オズの魔法使い

❶―音声入力タイプライタの実験

1980年代初頭、タイピングは秘書やタイピストといった一部の人だけが持つ特殊能力でした。そこで、ある企業が「音声入力タイプライタ」を企画しました。これを使えば、誰でも話すだけでタイプが打てるのです。市場調査の結果は良好で、「欲しい」と回答したビジネスマンがたくさんいました。

ただ、この製品の開発には莫大な投資を必要とするので、念のため、それらのビジネスマンに事前に試してもらうことにしました。しかし、実験が行えるレベルの認識精度を持った音声入力システムを開発するのは、当時のコンピュータの性能とソフトウェアの技術では不可能なことでした。

そこで、研究者はちょっとした"魔法"を使いました。実験に招かれたビジネスマンは、マイクとディスプレイが置かれた部屋に案内されました。そして、彼らがそのマイクに向かって話すと、"驚くべきことに"、その内容がディスプレイ上に正確に表示された――実は、隣の部屋でプロのタイピストが実験参加者の音声を聞いて即座にタイプしていた――のです。

「これは便利だ！」と実験開始時には大好評でした。ところが、しばらく使用している間に様子が変わってきました。「だんだん喉が痛くなってきた」「人の声で部屋の中が騒がしい」「人に聞かれたくない内容があると困る」……。結局、**実験終了時には誰もその製品を欲しがりませんでした**。この実験結果を受けて、この企業は音声入力タイプライタの製品化を（賢明にも）断念しました。

〈Bill Buxton：「Sketching User Experiences」, Morgan Kaufmann, 2007 ／ Alberto Savoia：「Pretotype It」, 2012（kindle版）より改変引用〉

音声入力タイプライタの実験
隣の部屋でプロのタイピストが実験参加者の音声を聞いてタイプする。

❷—カーテンの陰で操作する

この音声入力タイプライタの実験のように、コンピュータの代わりに「カーテンの陰で人が操作」して、あたかもシステムが動作しているかのように見せる手法を『**オズの魔法使い**（Wizard of Oz）』*といいます。

「オズの魔法使い」という名称は、同名のミュージカル映画（ヴィクター・フレミング監督、1939年公開）に由来しています。この映画のクライマックスでは、恐ろしい姿をした巨大な「オズの大王」が現れます。最初は恐れおののいていた主人公のドロシー達ですが、ふと部屋の片隅にあるカーテンに気づいて開けてみると、その中では温和な紳士が懸命に装置を操っているのでした——。このシーンにちなんで、IBMの研究者であるジェフ・ケリー博士が命名したとされています。

『オズの魔法使い』は、上手く使えば「不可能が可能になる」という文字通り“魔法”のテクニックです。しかしながら、“魔法”を実現するためにはそれなりの仕掛けが必要です。

*『オズの魔法使い』と同一の手法を『**機械仕掛けのトルコ人**（Mechanical Turk）』と呼ぶ人もいます。

- **騙しやすい人をリクルートする**：世の中には「信じやすい人」と「疑り深い人」がいます。「疑り深い人」の中でも、特に「仕組み」を探求するタイプの人（例えばエンジニア等）はすぐに“魔法”を見破ってしまうので除外しましょう。
- **見た目は立派にする**：「見た目が貧相な本物」よりも「見た目が立派なハリボテ」のほうが普通のユーザは騙されやすいものです。ただし、ケーブルがむき出しの「試作品」らしい見た目は、逆に説得力を増す場合があります。
- **予行演習する**：『オズの魔法使い』は複数のスタッフによる共同作業です。それぞれの役割に応じた台本を準備して、十分に予行演習しましょう。もちろん「パイロットテスト」も忘れずに。
- **言い訳する**：システムを手動で動かすと（スタッフが）誤操作しがちです。特に焦るとミスは増えます。そこで、ユーザに対して「試作品なので動作が遅い」「試作品なので誤動作をすることがある」などと事前に“言い訳”しておけば、コンピュータ役のスタッフは余裕を持って操作できるようになります。
- **注意をそらす**：司会者はもっともらしい理由をつけて、なるべくユーザの注意を“カーテン”からそらします。「ボタンが壊れやすいので、ゆっくり操作してください（ユーザの操作が早くてスタッフが追いつかない時）」「ちょっと処理に時間がかかります（スタッフが操作に手間取っている時）」「システムの調子が悪いようなのでリセットします（スタッフが誤操作した時）」etc…。

『オズの魔法使い』はユーザを“完全に騙す”ことが最大のポイントとなります。仮に、音声入力タイプライタの実験で、タイピストの姿が見えたとすれば、実験参加者は興ざめしてしまって、実験は失敗に終わったことでしょう。魔法使いは、決して“尻尾”を出してはいけません。

6-4 ホームページ・ツアー

『ホームページ・ツアー（またはファースト・スクリーン・ツアー）』は、ユーザにウェブサイトのホームページ（トップページ）を自由に見てもらうというテスト手法です。DIYユーザビリティテストの伝道師として名高い**スティーブ・クルーグ**の“十八番”です。

❶—ツアーの実施例

彼の著書『超明快 Webユーザビリティ』（原題：『Don't Make Me Think!』）の中にも、ホームページ・ツアーの場面が描写されています。

司会者	ユーザ【20代女性】
（テスト対象ウェブサイトを表示する） まずはこのページをご覧ください。これが何だと思うか、何が印象的か、誰のサイトか、何ができそうか、何のためにあると思うかといったことを教えてください。とりあえず少し見て、ちょっとお話しいただければ結構です。スクロールしたければやっていただいて構いませんが、まだ何もクリックしないでください。	
	そうですね。まず気が付いたのは色がいいことかしら。オレンジの色合いが好きです。それからこの小さな太陽のイラストがかわいいですね。 ええと、それから… 〈中略〉 色々やっているのね。でも、それが何かはわからないわ。
勘で答えるなら何だと思いますか？	
	そうですね、なんとなく…売ったり買ったりすることと関係あると思います。何かを。 〈中略〉

ご自宅にいらっしゃるとしたら、何を最初にクリックしますか？	
	たぶんグラフィックデザインって書いてあるところをクリックします。グラフィックデザインには興味があるので。

引用元：スティーブ・クルーグ（著）、福田 篤人（翻訳）：『超明快 Webユーザビリティ』、ビー・エヌ・エヌ新社、2016年

❷—ツアーの実施方法

ホームページ・ツアーを含んだ“クルーグ流”ユーザビリティテスト（1時間弱）のフローと時間配分は以下のとおりです。

1. イントロ（4分）
2. 事前インタビュー（2分）
3. **ホームページ・ツアー（3分）**
4. タスク実行観察（35分）
5. 事後インタビュー（5分）
6. エンディング（5分）

ホームページ・ツアーはタスク実行観察の前に行います。タスクの前に「ホームページを見る」だけのタスクを行っているとも言えます。これには2つの目的があります。

- 1つは「**何のサイトで、何ができそうか**」が分かるかどうかの検証です。ウェブサイトにおいてホームページ（トップページ）は特別な存在です。（ひと昔前は）ホームページをざっと見渡して、「これは何のサイトで、何ができそうか」が分からなければ、ユーザはすぐに立ち去るとされていました。そこで、タスクに入る前に、まずホームページを見てもらうのです。
- もう1つは「**思考発話の練習**」です。タスク実行観察時にいきなり思考発話を要求しても、ほとんどのユーザは上手く発話できません。動的なシステムを「操作しながら発話する」という経験がないからです。そこで、

静的なページを「見ながら話す」という簡単な思考発話で、事前に口慣らしするのです。

なお、ホームページ・ツアーはユーザにウェブサイトを「自由に使ってもらう」というタスクではありません。ツアー実施例で司会者が冒頭で指示しているように「**クリックは禁止**」です。ユーザに許されているのはページを閲覧することのみです。もし、ユーザがクリックしてしまったら、すぐにホームページに戻ってもらって、クリックしないように改めて念を押しましょう。

ホームページ・ツアー
ユーザにホームページ（トップページ）を自由に見てもらう。

6-5
ツリーテスト

❶—情報のツリー

あるオンライン書店は、和書、洋書、エレクトロニクスなど10個のトップレベルカテゴリに分類されています。さらに、例えば和書ならば、文学・評論やノンフィクションなど25のカテゴリに分類されています。この分類はさらに細分化されていきます。

このように**情報の階層構造＝「ツリー」**を持っているのはウェブサイトだけではありません。スマホもコピー機もATMも、ほとんどのユーザインタフェースは階層型メニューを採用しています。もし、論理的な階層構造を持たず、機能や情報が無秩序に配置されていたら、ユーザは大混乱に陥ることでしょう。

そんな情報の階層構造を検証する手法が『ツリーテスト（Tree Testing）』です。

❷—ツリーテストの実施方法

ツリーテストに機材は不要です。紙とペン、そして15分程度の時間を割いてくれる協力者を見つければ、どこでも実施可能です。

1. 準備

1.1. **ツリー構築**：テスト対象の「階層構造」を準備します。ウェブサイトならば「サイトマップ」、ソフトウェアならば「メニューツリー」などです。

1.2. **カード化**：階層構造をカード化します。まず第1階層を1枚のカードにします。そして第1階層の選択肢ごとに第2階層をそれぞれ1枚のカードにします。さらに第3階層をカード化……。例えば、3個ずつ選択肢がある3階層のメニューツリーの場合、そのカード総数は1+3+9＝13枚になります。

1.3. **タスク設計**：ユーザに実行してもらうタスクを準備します。例えば、「粗大ごみの出し方を調べてください（自治体サイト）」「猫砂を探してください（ペット用品サイト）」「パスコードを変更してください（スマホ）」etc…。タスクは10個以上用意しましょう。

2. 実施

2.1. **イントロ**：テストの主旨と簡単なルール（カードを指で“クリック”する等）を説明します。

2.2. **テスト**：ユーザにタスクを指示して、まず第1階層のカードを提示します。ユーザがいずれかの選択肢を指でクリックすると、それに対応するカードを上に重ねて置きます。これをタスクが完了（ゴールのカードに到達）するまで繰り返します。ユーザにはなるべく「思考発話」してもらいましょう。なお、10分で10～15タスクくらい実施するのが標準的です（1タスク当たり30秒から1分程度）。

2.3. **記録**：ユーザの「クリックストリーム（カード遷移）」をすべて記録します。カードに番号を振っておけば手動でも簡単に記録できます。念のため、スマホのカメラ等で録画しておくと安心です。

2.4. **エンディング**：テスト中のユーザの行動・思考について「回顧法」で質問します。もしユーザから何か質問が出ればそれに答えます。すべて終わったら、感謝の意を伝えてセッションを終えます。

3. 分析

3.1. **タスク達成率**：最低10人、できれば20人くらいテストしましょう。そしてタスク別の達成率（ゴールのカードに到達できたかどうか）を算出します。ユーザが「できなかった」タスクが明らかになります。

3.2. **クリック数**：タスク別のクリック数を数えます。各タスクの最小達成クリック数（3階層ならば3クリック）で除算すれば、ユーザが「迷った」タスクが明らかになります。

3.3. **クリックストリーム**：成績の悪いタスクのクリックストリーム（カード遷移）を分析すれば、ユーザが間違えるパターンが明らかになります。

さらにユーザの発話を分析すれば、その理由が明らかになります。

❸—ツリーテストのツール

ツリーテストはデジタル化も容易です。クリックして次の画面に遷移すればよいだけなので、HTML、パワーポイント、PDFなど身近なツールで「リンク付きカード」を作成できます。また、ユーザの操作に対応したカードを順番に提示して、そのクリックストリームを記録・集計するという専用のシステム開発も可能でしょう。実際、海外では「**TreeJack**」や「**UserZoom Tree testing**」といった、ツリーテスト専用のオンラインサービスが提供されています。

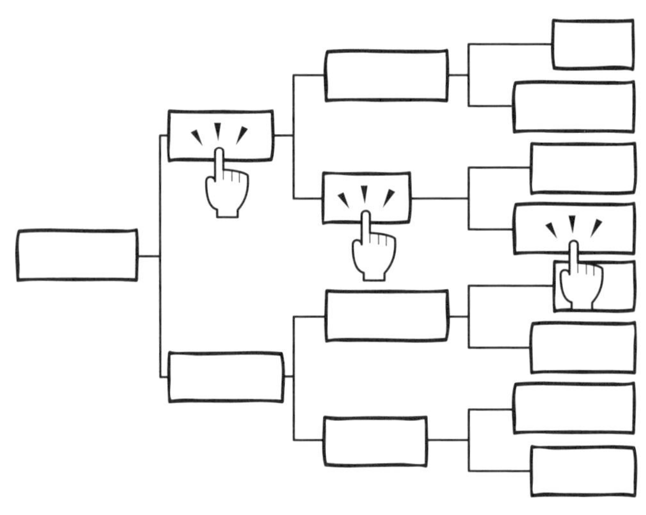

ツリーテスト
情報の階層構造をテストする。

6-6
OOBE

❶—箱から出す体験

ユーザが製品を箱から取り出して使えるようにするまでの体験を『**アウトオブボックス・エクスペリエンス**（OOBE：Out-Of-Box Experience）』といいます。特にアップルの製品はOOBEに優れていることで知られており、製品を購入したユーザが、その「開封の儀」の様子を撮影して動画サイトで公開しています。

OOBEは、その名称とは異なり、開封体験だけを指すのではありません。「①開封」「②初期設定」「③初回使用」までを含んだ、製品利用の初期段階におけるユーザ体験全体を指します。つまり、OOBEとはパッケージやマニュアルの問題にとどまるものではなく、製品の「購入」と「利用」の間に位置する多様かつ重大な問題です。もし、**ユーザがOOBEに失敗すれば、その後の利用体験は存在しない**のですからです。

❷—OOBEのテスト

買った製品を使えない——そんな最悪の体験を回避する（同時にサポートコストを削減する）ために、昔も今も、様々な製品についてOOBEの検証がおこなわれています。

〈OOBEの例〉

- デスクトップPC：本体・ディスプレイ・プリンタの開梱、設置、接続。
- インターネット接続サービス：開封とセットアップCDを使った接続。
- 学習リモコン：開封と機器の登録。
- ワイヤレスイヤホン：開封とブルートゥース接続。

- 段ボール製 3D メガネ：製品の組み立てと動画視聴。

OOBE のテストは、通常のユーザビリティテストよりもシンプルです。通常、状況設定の**シナリオは不要**ですし、原則として**タスクは 1 つだけ**です。例えば、デスクトップ PC のテストならば「これは X 社のパソコンとプリンタです。これをセットアップしてください。設置が完了したら、テストページを印刷してください」などと指示するだけです。

しかし、シンプルであることということは、必ずしも簡単であるという意味ではありません。OOBE は通常のユーザビリティテストよりも多くのリソース（設備、機材、準備、人員、時間など）を必要とする手法です。OOBE 実施のポイントをいくつか挙げておきます。

- **フルパッケージを用意する**：店頭で販売するものと全く同じパッケージ（もちろん製品も入った状態で）を使用します。外箱、内箱、緩衝材、製品、マニュアル、設定ガイド、付属 CD、各種ケーブル、アクセサリ、etc…全部揃えましょう。
- **使いまわさない**：なるべくセッション毎に新しいパッケージを用意します。前のセッションの“痕跡”が残っていると、それがヒントになったり、逆に戸惑わせたりするからです。毎回新しいパッケージが用意できない場合は、各セッション後に完全に“初期化”します。
- **思考発話法／共同発見法を用いる**：ユーザには「思考発話」してもらいます。司会者は絶えず緊張感を持って観察を続け、適宜ユーザに発話を促します。ただ、長時間の思考発話は双方にとってかなりの負担です。可能ならば「共同発見法」を用いましょう。
- **複数のカメラで撮影する**：最低でも 2 台のカメラでユーザの全身と手元の映像を撮影する必要があります。その他に、自由に移動できるカメラ（およびカメラマン）を用意して、任意の場面を撮影できると便利です。そして、これらの映像をビデオミキサーで合成したり切り替えたりしながら観察します。
- **長丁場に備える**：OOBE ではユーザに独力でセットアップを完了しても

らいます。製品によっては2〜3時間かかることもあります。テストが尻切れトンボにならないように、テスト時間は長めに設定したうえでリクルートします。そして、テスト会場では、適宜休憩を挟んでユーザのモチベーションを維持しましょう（必要ならば飲物と軽食も用意）。

アウトオブボックス・エクスペリエンス
製品を箱から取り出して使えるようにするまでの体験。

6-7 リモートUXリサーチ

リモートでユーザビリティテストができれば、時間と場所の制約がなくなり、実施コストも下がります。元々は、多大な費用と時間がかかる「海外調査」を効率化することを目的に行われていましたが、技術の進歩と低価格化（小規模なテストならば数万円で実施可能）によって、UXラボを使った従来のテストを凌駕しつつあります。

❶ モデレート型と非モデレート型

リモートUXリサーチ（リモート・ユーザビリティテスト）は大きく2つに分類されます。「モデレート型（moderated）」と「非モデレート型（unmoderated）」です。

- **モデレート型**：ユーザビリティテストの関係者は「ユーザ」「司会者」「見学者」で構成されますが、この三者が「時間的」には同席しても、「地理的」には同席しないという形態です。例えば、ユーザが東京、司会者はニューヨーク、見学者はロンドンにいてテストを実施・見学するといった感じです。映像や音声がインターネット経由である以外はラボを使ったテストとほぼ同じ内容を実施できます。ただし、プロセスを自動化する訳ではないので総合的なコストはそれほど下がりません。また、海外調査の場合は時差の問題が発生しがちです。
- **非モデレート型**：別名「非同期型」とも言いますが、その名のとおり、テストの関係者は「時間的」にも「物理的」にも同席しません（そもそも司会者は不要）。例えば、リクルート条件とタスクを登録しておけば、登録モニターが自由な時間と場所でタスクを実行して、後日（数時間から数日後）その録画データが提供されるといった感じです。これらすべての作業はオンラインで完結します。

リモートUXリサーチの主流は「非モデレート型」です。プロセスをほぼ自動化できるので、ビジネスとしてスケールアップするからです。ただし、非モデレート型は実施できるテストの内容に制約があります。「オープンなタスク」や「ローファイなプロトタイプ」を使ったテストはできません。また、テスト設計をより念入りに行う必要があります。なぜならば、もしテストの途中でユーザが立ち往生しても、司会者が横から助成することはできないからです。

❷—リモートUXリサーチのサービス

リモートUXリサーチ・サービスの標準形——オンラインで登録モニターにタスクを実行してもらい、その様子を録画して、音声入りの動画で納品する——を確立したのは「**UserTesting.com**」です。2008年の創業ですが、今でもリモートUXリサーチの代表的な存在として知られています。

それと双璧を成すのが「**UserZoom**」です。最初はタスク達成時間測定などの量的評価の機能が中心でしたが、その後、UserTesting.comと同様の動画記録機能なども追加して、量的・質的両方の幅広いデータを提供できるサービスに成長しています。かつて、ミツエーリンクス社が提供していた「UserWhiz」は、このUserZoomのOEMでした。

日本でもリモートUXリサーチのサービスが誕生しています。その代表が「**UIscope**」と「**Pop Insight**」です。UIscopeは当初からスマホに焦点を当てて、登録モニター全員に簡易型の書画カメラを配布しているのが強みです。Pop Insightはリサーチツールとリサーチャをセットで提供するというビジネスモデルに特徴があります。これらは、いずれもスタートアップの手によって立ち上げられ、その後（好業績を理由に）他社に吸収合併されて、さらに事業を成長させています。

❸─半リモートUXリサーチ

スマホアプリをリモートでテストするためには、ユーザ側の機材一式（パソコン、書画カメラ、マイクなど）の設置と設定が完了している必要があります。前述のリモートUXリサーチ・サービスを提供している会社では、登録モニターに対して事前にその作業を終えているので、スムースなテスト実施が可能なのです。

しかし、私たちが同じことをしようとすると、その都度、ユーザに機材を宅配便で送付したり、その設定作業を電話でサポートしたりすることになります。5人のユーザをテストするだけでも、どれだけの手間と時間がかかることでしょうか。そんな無駄な手間をかけるくらいならば、前述のような専業の会社が提供している既存サービスを利用すべきでしょう。

自前でやるのならば、「完全リモート（ユーザ、司会者、見学者の三者全員がオンライン）」に固執しないほうがよいでしょう。例えば、以下のような人員配置です。

- ユーザ：会社の会議室
- 司会者：会社の会議室
- 見学者：各自の自宅や自席

つまり、ユーザと司会者はテスト会場で同席しますが、見学者は同席しない（**リアルでテストして、リモートで見学する**）ということです。この「半リモート」であれば、観察室が見学者の自宅や自席に移動するだけなので、従来のユーザビリティテストと同じ設備と内容で実施できます。

なお、テスト対象が（スマホではなく）パソコン用ソフトウェアやウェブサイトならば、手軽に「完全リモート」が可能です。多くのビデオ会議システムに標準的に搭載されている「画面共有機能」を使えば、普段のリモートワークと同様に、ユーザ側のパソコンの画面（デスクトップ全体やブラウザのウィンドウ）を共有できるからです。通信環境によっては画質・音質がかなり低下しますが、多くの場合、許容範囲の映像を視聴できると思います。

リモート UX リサーチ
ユーザビリティテストをリモートで行えば、時間と場所の制約がなくなり、実施コストも下がる。

Appendix

附　録

UT タスク事例集

ユーザビリティテストは製品開発のために“秘密裡”に行うことが多いものです。そのため、自分以外の人が設計したタスクを目にする機会は少ないと思います。そこで、参考までに、一般向けの公開イベント（「ユーザテスト Live! 見学会」など）で使用したシナリオとタスクの実物（ただし一部分は伏字）を掲載しておきます。

①ネイルアプリ

〈シナリオ〉
ふと指先を見たあなた。今のネイルのデザインに飽きてしまったので、近々ネイルサロンに行こうと思い立ちました。いつもネイルサロンはクーポン情報アプリを見て決めています。しかし、先日友達から「XXXX っていうアプリが、かわいいネイルがたくさんあって楽しいよ！　それに、気になるサロンも見つけたんだよね。」という話を聞いたのを思い出して、早速アプリをインストールしてみました。

タスク 1	近々ネイルサロンに行くとすれば、今度はどんなネイルのデザインをしたいですか？　デザインのイメージをなるべく詳しく声に出して教えてください。
タスク 2	アプリを起動して、あなたのイメージにあったネイルを探してください。気に入ったデザインがあれば、最大 3 つまでお気に入りに入れてください。（なお、お気に入りに入れる際には新規会員登録が必要になります。）タスク 2 の制限時間は最大 5 分間です。
タスク 3	タスク 2 で入れたお気に入りを見てください。
タスク 4	したいネイルのデザインイメージがつかめたので、次はネイルサロンを探すことにします。 アプリを使って、あなたのいつもの行動範囲（通勤・通学でいつも使っている路線の沿線や、いつも買い物に行く場所の近くなど）の中で、行ってみたいネイルサロンを 1 件探してください。タスク 4 の制限時間は最大 5 分間です。
タスク 5	今、仮に、あなたは三軒茶屋にある「S」というネイルサロンに行ったとします。かわいいデザインにしてもらってすごく満足したので、色々な人に見てもらって「かわいい！」と言ってもらいたくなり、写真を投稿したいと思いました。 今、自分がしているネイルの写真を撮って投稿してください。このとき、ネイルサロンへの感想も”想像”で書いて投稿してください。（なお、投稿した写真はプロフィール画面より削除が可能です。タスク終了後に削除しても結構です。）

②多言語 SNS

〈シナリオ〉
海外の国についてテレビやネットで発信される情報を見てなんとなく興味を持っていました。そんなときスマートフォンで『海外の写真＆世界中の外国人との会話を楽しむならXXXX』という広告を見て、気になったのでアプリをダウンロードしてみることにしました。

タスク 1	テレビやネットで見た、今ちょっと気になっている海外の国の名前を2つ以上挙げてください。また、何故気になっているのか理由を教えて下さい。
タスク 2	アプリを起動して、あなたが気になっている国の投稿を自由に見てください。なお、その際に思ったことや感じたことを常に声に出すように心がけてください。 ※タスク2の制限時間は最大5分です。
タスク 3	良いと思った投稿にコメントを書いて下さい。 ※タスク3の制限時間は最大5分です。
タスク 4	このアプリでは気軽に外国人と友だちになることができます。あなたが良いと思った投稿をアップしているユーザの中から一人選んで友達申請を送って下さい。(なお、友達申請は簡単に取り消せますので、安心して申請してください。申請後、すぐに取り消しても構いません。) ※タスク4の制限時間は最大5分です。
タスク 5	アプリのホーム画面に戻って、特集の投稿を1つ見て下さい。

③動画チャットアプリ

〈シナリオ〉
あなたは友達から"見たら消える"動画メッセージアプリ「XXXX」を一緒に使おうとメールで誘われて、アプリをインストールしました。
・友達の名前：こうちゃん
・ID：xxxxxxxx

タスク 1	アプリを起動して、使い方の説明（チュートリアル）を見てください。
タスク 2	こうちゃんさんに「アプリ入れたよ」とメッセージを送ってください。
タスク 3	こうちゃんさんとメッセージのやり取りをしてください。(※こうちゃんさんから「タスク4に進んでね」とメッセージが来たらタスク3の終了です。)
タスク 4	他の友人ともXXXXを使うことにしました。あなたがこうちゃんさんから誘われたのと同じように、今度はあなたが友達を誘ってください。(※実際に誘わなくて大丈夫です。メッセージの場合は【送信】のボタンが見える画面まで、SNSの場合は友達一覧が見える画面まで進んだ時点でタスク4終了です。) ・友達の名前：xxxxxxx ・友達のメールアドレス：xxxxxxx@gmail.com

④グルメ情報アプリ

〈シナリオ〉
今、仮に、あなたは来週、友達と夜ご飯に行く約束をしているとします。そして、「渋谷」にある「ふんわりオムライス」の美味しいお店を探そうと思っているとします。ちょうど、そんな時に、チャットしながらお店を探せるという新しいグルメアプリ「XXXX」を知ったので、試しにダウンロードしてみました。

タスク1	アプリを起動して、XXXXを使えるように初期設定をしてください。そして、準備ができたら、早速、お店を探す質問をしてみてください。
タスク2	回答が届くまで、他の質問を眺めたり、自由にアプリを使ったりしてみてください。
タスク3	回答が届いたら、その中から、自分の希望に一番ぴったりなお店を選んでください。その時に、どうして、そのお店が一番ぴったりだと思ったのか理由も教えてください。
タスク4	お店を教えてくれた人にお礼の気持ちを返してあげてください。
タスク5	あなたが一番ぴったりだと思ったお店の情報を、友達にメール／Twitter／LINEで知らせてください。（※投稿する直前で操作を中断して構いません。）

⑤映画レビューアプリ

〈シナリオ〉
あなたは友達とよく映画を観に行きます。その友達から映画レビューアプリ『XXXX』を紹介されたので、アプリをインストールすることにしました。

タスク1	まずメンバー登録をしてください。そして、その後に出てくるチュートリアル（操作説明）を進めてください。
タスク2	今度の週末に、友達と映画館に映画を観に行くことにします。アプリを使って、観る映画の候補を3件選んでください。そして、なぜ、その映画を見たいと思ったのか理由を教えてください。なお、後で友達に見せられるように、見たいと思った映画は保存しておいてください。（※タスク2の制限時間は最大7分です。）
タスク3	観る映画の候補を絞り込むことにします。タスク2で保存した3件の映画の中から、今一番注目されている映画を1件選んでください。
タスク4	タスク3で1件選んだ映画の監督が、他にどんな作品を作っているか調べてください。
タスク5	タスク3で1件選んだ映画を観ることにしました。LINEかメールで友だちにシェアしてください。（※実際に送信する必要はありません。）

⑥写真共有サービス

〈シナリオ〉
今年の夏休みは、友達3人と沖縄旅行に行きました。数日後、友達から「旅行の写真をアップしたよー。○○（あなたの名前）が撮った写真も追加してね。」とアルバムのURLと合い言葉が送られてきました。

アルバムのURL　http://xxxxxxxx
合い言葉　「おきなわ」

タスク1	アプリを起動して送られてきた友達のアルバムを閲覧してください。そして、その中から気に入った写真を3枚選び、自分のiPhoneにまとめて保存してください。
タスク2	あなたのiPhoneの中にある写真を、今見ているアルバムに2枚追加してください（※写真は、事前に準備いただいたものを利用してください）。
タスク3	今度は、自分が撮った写真を別の友人と共有してみたくなったので、新たにアルバムを作成することにしました。 アルバムを作成して、写真3枚を友人に共有してください（※写真は、事前に準備いただいたものを利用してください）。 共有はLINEかメールで行ってください（※実際に送信する必要はありません。送信画面が表示されたら完了です）。

⑦お出掛け情報アプリ

〈シナリオ〉
今度の休みの日に、気軽に行けるお出掛け情報が見つかるアプリがあると聞いて、「XXXX」をダウンロードしました。通勤時間やランチタイムを使って、今度の休日にちょっと行けそうなイベントをさっと見つけたいと思っています。

タスク1	全国の記事が表示されていますが、気軽に行けそうなものだけを見たいので、自宅と職場（学校）がある都道府県の記事だけに絞り込んで、興味のある記事を1つ読んでください。 ※読み終わったら次のタスクへ（熟読は不要）
タスク2	次の土日に予定がないので、何か楽しそうなイベントがあれば行きたいと思っています。次の土日にやっている東京（もしくは、お住まいの都道府県）から日帰りで行けそうなイベントの記事を探してください。 ※読み終わったら次のタスクへ（熟読は不要）
タスク3	最近、休日の過ごし方がマンネリ化してしまっているため、新しくオープンしたお店の情報などを知りたいと思いました。新しくオープンしたお店のニュースだけに絞り込んで、興味のある記事を1つ読んでください。 ※読み終わったら次のタスクへ（熟読は不要）

タスク4	気になった記事を保存して、後で見返したいと思いました。先ほど見つけたイベントや新しくオープンしたお店の記事をお気に入りとして保存してください。また、見返す際にどこに保存されているのか、探してみてください。
タスク5	このアプリではお気に入り登録したイベンのト開催の前日にお知らせが届くように、設定・解除できます。ダウンロードした際には、お知らせが届く設定となっていますが、今回はお知らせは不要だと思ったとして、届かない設定に変更してください。

⑧学習アプリ

〈シナリオ〉
あなたは、今、ちょうど暇な時間ができたので、以前からなんとなく学んでみたかった“マーケティング”について、色んなものが学べると言われている『XXXX』というアプリで学んでみようと思っています。

タスク1	あなたは、なぜマーケティングを学んでみたいと思っているのですか？ その理由をお知らせください。また、どんな内容を学びたいと思っていますか？いずれも、口頭で簡潔にお答えください。(※まだ、アプリは起動しないようにしてください。)
タスク2	アプリを立ち上げて、今、お答えいただいたような内容が学べそうなコースを探してください。見つかったら、そのコースの名称を読み上げてください。(もし、あなたにピッタリのコースが見つからない場合は、なるべく内容が近いと思うものを選んでください)。
タスク3	選んだコースを学習してください。なお、なるべく“本気”で学習してみてください。(※このタスクの制限時間は最大10分です。もし早く終われば、次のタスクに進んで構いません。)
タスク4	今度は、マーケティング分野以外で、なるべく興味のあるコースを探してください。
タスク5	選んだコースを学習してください。なお、今回は動画をすべて視聴する必要はなく、適当なところで動画をスキップしていただいて問題ありません。(※このタスクの制限時間は最大3分です。)

⑨電子黒板アプリ

〈シナリオ〉
今、仮に、先生*は職員室で授業の準備をしようとしているとします。今回はXXXXを使って授業を行うことにします。

＊テスト参加者は本物の小学校の先生

タスク1	では、授業の流れをイメージして、XXXXで教材をレイアウトしてみていただけないでしょうか。先ほど（控室で）ご覧いただいた教材のサンプルデータをご利用いただいても結構です。なお、今回は15分以内で出来る範囲で作成してみていただけないでしょうか。
タスク2	教材が準備できたので、次は、授業のシミュレーションを行おうと思います。今、仮に、先生は教室にいるとします。そして、プロジェクタとApple TVの設置を終えたところだとします（プロジェクタとApple TVの接続は完了しています）。 では、XXXXを使って、今作成した授業の予行演習をしてください。ぜひ、興味があるXXXXの機能を実際に試してみてください。

⑩電力比較サイト

〈シナリオ〉

あなたは電力会社を自由に選べるようになったことを知り、電力会社の切り替えに興味があります。そこであなたは、電力会社の比較ができる「XXXX」というサイトを使って、自分に合う電力会社があるかどうかを調べてみることにしました。

タスク1	スマートフォンで「XXXX」を表示し、あなたのご家庭に合いそうな電力会社や料金プランを探してください。 お願い： ・QRコードを読み取っていただくと「XXXX」が表示されます。 ・できる限り”本気で”探してみてください。 ・気づいたことや感じたことは常に声に出すよう心がけてください。 ・このタスクの制限時間は最大12分間です。
タスク2	あなたのご家庭に合いそうな電力会社や料金プランは見つかりましたか？ ・見つかった場合： 合いそうだと思った電力会社や料金プラン名を挙げて（複数可）、そう思った理由をなるべく詳しく教えてください。（※このタスクの制限時間は最大3分間です。） ・見つからなかった場合： 検討した電力会社や料金プランが「合わない」と思った理由、または、「判断がつかない」と思った理由をなるべく詳しく教えてください。（※このタスクの制限時間は最大3分間です。）

⑪チラシアプリ

〈シナリオ〉

（今、仮に）最近、あなたは新聞を取るのを止めたので、スーパーやドラッグストアなどの折り込みチラシが手に入りにくくなって少し不便を感じていました。そんな時に「近くのお店のチラシが届く！　XXXX」というスマホ用のアプリがあることを知って、早速自分の端末にインストールしてみました。

タスク 1	アプリを起動して、近くのお店のチラシが届くようにしてください。 ※なるべく実際の自宅周辺 ※実際に利用しているお店をなるべく 3 店舗くらい
タスク 2	チラシを見てください。なるべく普段（または以前）紙のチラシを利用するのと同じように利用してください。
タスク 3	お気に入り店舗を入れ替えてください。今のお気に入り店舗から 1 店を削除して、新しく 1 店追加してください。
タスク 4	（今、仮に）少し体調が優れないので医薬品（風邪薬など）を買いに行くことにします。ここ（イベント会場）から一番近いドラッグストアを探して、場所を確認してください。

⑫メガネアプリ

〈シナリオ〉
（今、仮に）あなたは、そろそろメガネを買い替えようかなと思っているとします。そこで、「メガネの試着と似合い度が判定できる　XXXX」というアプリを使ってみることにしました。

タスク 1	アプリを使い始めるために、まず会員登録してください。
タスク 2	「メガネの試着と似合い度が判定できる」機能を使って、あなたに似合いそうなメガネを探してください。
タスク 3	店舗でメガネを試着してみようと思います。今探した中で、あなたに一番似合いそうなメガネを、実際に試着できる店舗を探してください。（※会場の近く、職場の近く、自宅の近く等）

【備考】 ①から⑩は「ユーザテスト Live! 見学会」、⑪と⑫は私（樽本）が登壇したその他のイベントで使用したものです。「ユーザテスト Live! 見学会」では、私（樽本）の監修のもとで、各アプリの企画開発者がタスク設計を行いました。またイベントの運営上、テスト設計に関して以下のような制約条件がありました。

- タスク数は 5 個まで
- 事前インタビューはなし、事後インタビューのみ（事前質問にタスクとして回答してもらうことは可）
- タスク実行観察は 15 分が目安（最大 20 分で打ち切り）

参考文献・資料リスト

Chapter 1 ユーザビリティテスト概論

◆参考文献

◇樽本　徹也：『ユーザビリティエンジニアリング（第2版）　－ユーザエクスペリエンスのための調査、設計、評価手法』、オーム社、2014年
◇黒須　正明、松原　幸行、八木　大彦、山崎　和彦（編）、黒須　正明、樽本　徹也、奥泉　直子、古田　一義、佐藤　純（著）：『人間中心設計における評価』、近代科学社、2019年
◇黒須　正明：『UX原論　ユーザビリティからUXへ』、近代科学社、2019年

◆参考資料

◎JIS Z 8521:2020 人間工学－人とシステムとのインタラクション－ユーザビリティの定義及び概念
https://jis.eomec.com/jisz85212020
◎ほぼ日刊イトイ新聞
https://www.1101.com/iwata/2007-09-03.html
◎複数のユーザを同時にテストする（MUST）
https://u-site.jp/alertbox/20071015_multiple-user-testing

Chapter 2 求人ガイド

◆参考文献

◇樽本　徹也：『ユーザビリティエンジニアリング（第2版）　－ユーザエクスペリエンスのための調査、設計、評価手法』、オーム社、2014年
◇樽本　徹也：『アジャイル・ユーザビリティ　－ユーザエクスペリエンスのためのDIYテスティング』、オーム社、2012年
◇アルベルト・サヴォイア（著）、石井　ひろみ（訳）：『Google×スタンフォード NO FLOP！　－失敗できない人の失敗しない技術－』、サンマーク出版、2019年

◆参考資料

◎ユーテストLive! 見学会
https://www.slideshare.net/barrelbook/live-34553006
◎スラムの沙汰もマネー次第、です【フィリピン編】
https://www.gqjapan.jp/culture/column/20181203/money-rules-the-world-1

Chapter 3 設計ガイド

◆参考文献

◇樽本　徹也：『ユーザビリティエンジニアリング（第2版）　－ユーザエクスペリエンスのための調査、設計、評価手法』、オーム社、2014年
◇樽本　徹也：『ユーザビリティエンジニアリング　―ユーザ調査とユーザビリティ評価実践テクニック』、オーム社、2005年
◇アリスター・コーバン（著）、ウルシステムズ株式会社（監修）、ウルシステムズ、山崎耕二、矢崎　博英、水谷　雅宏、篠原　彰子（共訳）：『ユースケース実践ガイド　－効果的なユースケース図の書き方』、翔泳社、2001年
◇ジェフ・パットン（著）、川口　恭伸（監修）、長尾　高広（訳）：『ユーザーストーリーマッピング』、オライリー・ジャパン、2015年

◆参考資料

◎高速ユーザーテスト実践講座　第6回「タスク設計法」
http://www.usertest-onsearch.com/knowledgelist/knowledge-388/
◎実録・UTタスク事例集
https://www.slideshare.net/barrelbook/4ut
◎上級ユーザビリティテスト手法
https://www.slideshare.net/barrelbook/ss-42178463

Chapter 4 実査ガイド

◆参考文献

◇樽本　徹也：『ユーザビリティエンジニアリング（第2版）　－ユーザエクスペリエンスのための調査、設計、評価手法』、オーム社、2014年
◇海保　博之、原田　悦子（共編）：『プロトコル分析入門』、新曜社、1993年

Chapter 5 分析ガイド

◆参考文献

◇樽本　徹也：『ユーザビリティエンジニアリング（第2版）　－ユーザエクスペリエンスのための調査、設計、評価手法』、オーム社、2014年
◇樽本　徹也：『アジャイル・ユーザビリティ　－ユーザエクスペリエンスのためのDIYテスティング』、オーム社、2012年
◇ティム・ブラウン（著）、千葉　敏生（訳）：『デザイン思考が世界を変える　－イノベーションを導く新しい考え方－』、早川書房、2019年
◇ジョシュ・セイデン、エリック・リース（共編）、ジェフ・ゴーセルフ（著）、坂田　一倫（監修）、児島　修（訳）：『Lean UX　リーン思考によるユーザエクスペリエンス・デザイ

ン』、オライリージャパン、2014年
◇Steve Krug：『Rocket Surgery Made Easy – The Do-It-Yourself Guide to Finding and Fixing Usability Problems –』, New Riders Press, 2009
◇Anders Drachen, Pejman Mirza-babaei, Lennart E. Nacke：『Games User Research』, Oxford Univ Pr, 2018
◇William Albert, Thomas Tuullis：『Measuring the User Experience（2nd Edition）』, Morgan Kaufmann, 2013
◇Jeff Sauro, James R Lewis：『Quantifying the User Experience – Practical Statistics for User Research』, Morgan Kaufmann, 2012

◇参考資料

◎高速ユーザーテスト実践講座　第2回「ユーザーテストの大原則」
http://www.usertest-onsearch.com/knowledgelist/knowledge-357/
◎高速ユーザーテスト実践講座　第8回「データ分析法（その1）」
http://www.usertest-onsearch.com/knowledgelist/knowledge-410/
◎高速ユーザーテスト実践講座　第9回「データ分析法（その2）」
http://www.usertest-onsearch.com/knowledgelist/knowledge-414/
◎高速ユーザーテスト実践講座　第10回「再設計」
http://www.usertest-onsearch.com/knowledgelist/knowledge-420/
◎高速ユーザーテスト実践講座　第11回「反復設計」
http://www.usertest-onsearch.com/knowledgelist/knowledge-425/
◎無料追補版 #1「RITE メソッド」
https://www.slideshare.net/barrelbook/rite-48589601
◎HCD-Net ユーザビリティ評価セミナー第7回「アドバンスト・ユーザビリティテスト」
https://www.slideshare.net/barrelbook/ss-42178463
◎分析ツールを使用して統計学的および工学的分析を行う
https://support.microsoft.com/ja-jp/office/-6c67ccf0-f4a9-487c-8dec-bdb5a2cefab6
◎Excel で分析ツールを読み込む
https://support.microsoft.com/ja-jp/office/-6a63e598-cd6d-42e3-9317-6b40ba1a66b4
◎ベルカーブ統計 WEB「統計学の時間」
https://bellcurve.jp/statistics/course/

Chapter 6 UT ちょい足しレシピ集

■質問紙法

◇参考文献

◇樽本　徹也：『ユーザビリティエンジニアリング（第2版）　–ユーザエクスペリエンスのための調査、設計、評価手法』、オーム社、2014年
◇黒須　正明、松原　幸行、八木　大彦、山崎　和彦（編）、黒須　正明、樽本　徹也、奥泉　直子、古田　一義、佐藤　純（著）：『人間中心設計における評価』、近代科学社、2019年
◇トム・タリス、ビル・アルバート（共著）、篠原　稔和（訳）：『ユーザーエクスペリエン

スの測定』、東京電機大学出版局、2014 年
◇山岡　俊樹：『ヒューマンデザインテクノロジー入門　－新しい論理的なデザイン、製品開発方法－』、森北出版、2003 年
◇Jeff Sauro, James R Lewis：『Quantifying the User Experience － Practical Statistics for User Research』, Morgan Kaufmann, 2012

◆参考資料

◎上級ユーザビリティテスト手法
https://www.slideshare.net/barrelbook/ss-42178463
◎John Brooke「SUS - A quick and dirty usability scale」1996
https://hell.meiert.org/core/pdf/sus.pdf

■共同発見法

◆参考文献

◇樽本　徹也：『ユーザビリティエンジニアリング（第 2 版）－ユーザエクスペリエンスのための調査、設計、評価手法』、オーム社、2014 年
◇海保　博之、原田　悦子（共編）：『プロトコル分析入門』、新曜社、1993 年

■オズの魔法使い

◆参考文献

◇樽本　徹也：『ユーザビリティエンジニアリング（第 2 版）－ユーザエクスペリエンスのための調査、設計、評価手法』、オーム社、2014 年
◇アルベルト・サヴォイア（著）、石井　ひろみ（訳）：『Google × スタンフォード　NO FLOP！　－失敗できない人の失敗しない技術－』、サンマーク出版、2019 年

■ホームページ・ツアー

◆参考文献

◇スティーブ・クルーグ（著）、福田　篤人（訳）：『超明快　Web ユーザビリティ』、ビー・エヌ・エヌ新社、2016 年

◆参考資料

◎Advanced Common Sense - Usability test script
http://sensible.com/downloads-rsme.html

■ツリーテスト

◆参考文献

◇樽本　徹也：『ユーザビリティエンジニアリング（第 2 版）－ユーザエクスペリエンスのための調査、設計、評価手法』、オーム社、2014 年

◇参考資料

◎Card-Based Classification Evaluation
https://boxesandarrows.com/card-based-classification-evaluation/
◎Tree Testing: Fast, Iterative Evaluation of Menu Labels and Categories
https://www.nngroup.com/articles/tree-testing/
◎Treejack
https://www.optimalworkshop.com/treejack/
◎UserZoom
https://www.userzoom.com/

■ OOBE

◇参考文献

◇樽本 徹也：『ユーザビリティエンジニアリング（第2版） －ユーザエクスペリエンスのための調査、設計、評価手法』、オーム社、2014年

◇参考資料

◎3 steps to evaluate the out-of-box product experience
https://www.gfk.com/blog/2016/02/3-steps-to-evaluate-the-out-of-box-product-experience

■リモートUXリサーチ

◇参考資料

◎リモートUXテスト
https://www.slideshare.net/barrelbook/5ux-85967616
◎UserTesting.com
https://www.usertesting.com/
◎UserZoom
https://www.userzoom.com/
◎UIscope
https://client.uiscope.com/
◎Pop Insight
https://popinsight.jp/

〈著者紹介〉

樽本徹也（たるもと　てつや）

利用品質ラボ代表。UX リサーチャ / ユーザビリティエンジニア。ユーザビリティ工学が専門で、特にユーザ調査とユーザビリティ評価の実務経験が豊富。現在は独立系 UX コンサルタントとして幅広い製品やサービスの開発を支援している。複数の著作があり、その中でも『ユーザビリティエンジニアリング』（オーム社刊）は、初版からの累計刷数が１万部を超える、日本における UX/ ユーザビリティ分野の代表的書籍のひとつ。ワークショップの達人としても有名で、テクノロジー系カンファレンスにおける講演も多数。自身でも「リモート UX ブッククラブ」「アジャイル UCD 研究会」を主催している。

〈勉強会〉

・リモートUXブッククラブ（旧・UXBC東東京）
　https://uxbc-east-tokyo.peatix.com/
・アジャイルUCD研究会
　https://groups.google.com/g/agileucdja

〈著　書〉

・『ユーザビリティエンジニアリング ―ユーザ調査とユーザビリティ評価実践テクニック』（オーム社　2005年10月）
・『これだけは知っておきたい組込みシステムの設計手法』（技術評論社　2009年10月　※共著）
・『アジャイル・ユーザビリティ ―ユーザエクスペリエンスのためのDIYテスティング―』（オーム社　2012年2月）
・『ユーザビリティエンジニアリング（第2版）―ユーザエクスペリエンスのための調査、設計、評価手法―』（オーム社　2014年2月）
・『UXリサーチの道具箱 ―イノベーションのための質的調査・分析―』（オーム社　2018年4月）
・『人間中心設計における評価（HCDライブラリー）』（近代科学社　2019年4月　※共著）

本文イラスト◆中西 隆浩

- 本書の内容に関する質問は，オーム社ホームページの「サポート」から，「お問合せ」の「書籍に関するお問合せ」をご参照いただくか，または書状にてオーム社編集局宛にお願いします．お受けできる質問は本書で紹介した内容に限らせていただきます．なお，電話での質問にはお答えできませんので，あらかじめご了承ください．
- 万一，落丁・乱丁の場合は，送料当社負担でお取替えいたします．当社販売課宛にお送りください．
- 本書の一部の複写複製を希望される場合は，本書扉裏を参照してください．

UX リサーチの道具箱Ⅱ
―ユーザビリティテスト実践ガイドブック―

2021 年 3 月 25 日　　第 1 版第 1 刷発行

著　者　樽本徹也
発行者　村上和夫
発行所　株式会社 オーム社
郵便番号　101-8460
東京都千代田区神田錦町 3-1
電話　03(3233)0641(代表)
URL https://www.ohmsha.co.jp/

組版　タイプアンドたいぽ　　印刷・製本　壮光舎印刷
ISBN978-4-274-22671-7　Printed in Japan

本書の感想募集 https://www.ohmsha.co.jp/kansou/

本書をお読みになった感想を上記サイトまでお寄せください．
お寄せいただいた方には，抽選でプレゼントを差し上げます．